基礎髮型設計實務─ 20 種創意編梳

葉孺萱　編著

全華圖書股份有限公司

序

　　髮型編梳技術是裝扮外在儀容、個人型象塑造不可或缺的重要關鍵之一，在整體造型中也是美化頭部的首要技能，此外，不同風格的髮型編梳設計能產生不同的視覺效果與感受，因此，髮型編梳在造型中也佔有著不可或缺的一席之地。

　　然而，學習髮型編梳技術必須具備的首要條件是「耐心」，依不同髮質、髮色、造型所需，將細細髮絲循序漸進的加以整理與編梳，達到美化目的。此外，學習髮型編梳還必須兼具「創意」的設計理念，才能製作出個人獨創性作品。

　　為能有效整合髮型編梳理論與實務知能，本書藉以理論架構為基礎，讓讀者可以瞭解髮型編梳相關學理與沿革，搭配各個單元進行實務操作解析步驟，引領髮型編梳學習者熟稔各種編髮技藝，以及涵養髮型編梳設計能力，增加爾後在髮型編梳藝術的知性與感性層次。

　　感謝全華圖書股份有限公司協助出版髮型編梳與實務，以及感謝美麗與聰慧兼俱的模特兒：黃莉玲、曾紀方、劉璟靚、李怡蓁、吳莉莉、陳盈帆、陳筱錡、張宇萱、傅鈺婷、羅宁萱、藍宁萱，擔仼此書藉所拍攝的模特兒，有你們的參與添增髮型編梳的亮麗風采。期許本書籍能啓發讀者感受編髮的樂趣，以及豐富整體造型設計之創意思唯。

葉孺萱

推薦序

　　談起與葉孋萱老師的結緣，起因於本人因公司為儲備未來人才之需求，而廣至校園招募建教實習生所建立。所以北台灣大專院校相關科系幾乎全跑過一遍，因學校各有其目標而有了不同的特色，其中耕莘專科學校所安排的學生工作實習令我印象深刻，也促發本公司與該校實習課程的合作關係。期間會議時間的確認、路線告知、當天進入校園引導、招募會議的進行，全由專人負責，顯現出學校師生，對學生未來進入職場的準備做足了功課。乃至於實習期間與結束後續之追蹤，一次次的訪視與協調工作，這股精神震撼了，也改觀了我對耕莘辦學的認真態度。

　　外表，往往是人與人初次見面最重要的第一印象。好的印象，對於彼此未來進一步的發展，往往有決定性的影響，不得不慎重。因場合、個人外在條件而挑選適合的服裝與配件，此時髮型往往是造型成功與否最重要的關鍵因素，偏偏髮型設計是最難自己設計整理完成。葉老師對造型設計工作充滿了熱枕，常在言談中不經意流露出對造型工作之喜愛，也因此促成了這本書的誕生。

　　會念經的是和尚，會講經的才是菩薩。其間的差異在講出好的道理與影響的層面。葉老師，在教授造型課程多年後，擬將多年的經驗傳承，透過紙本，用步驟圖像化方式，讓學子可以輕鬆快速參考與吸收。

　　勤勞讓人成功，但熱情讓人偉大。除了細心、耐心是書中葉老師要傳遞的重要觀念，但她更鼓勵創意的發揮。期待莘莘學子，除能廣為運用本書之範本，利用其基礎發揮創意，發展出耳目一新的造型。相信葉老師，本於對教育的熱情與對造型的喜愛，能源源不絕的創作，幫助更多的學生或在造型設計領域之專業人士在工作上更上一層樓。

　　後記：本人現任職於寶雅生活館醫學美容事業部，非成功人士亦非本領域的專家，蒙葉老師垂愛，忝為其作序。在美的世界中能找到志同道合的夥伴實屬不易，讓人珍惜。

黃康偉

寶雅生活館醫學美容事業部

推薦序

　　人們都擔心少了頭髮，但是有了頭髮卻又令人傷腦筋，成天都為如何處理頭髮而費盡心思；因此，有人說誰能讓某些宗教的信徒摘下頭巾，一定會觸發一波世界性的經濟革命。

　　頭髮相關事業已經是國內外服務業的重要產業，也已形成一股專業知能，主導著社會和時尚的趨勢，髮型編梳是其中的翹楚。我很高興看到葉老師能夠在這領域中長期投入而有卓越的美學成就，除了本身具備多項專業技能證照之外，葉老師也持續培育出許多優秀的專業美髮師。

　　我認識葉老師已達十多年之久，常常鼓勵她將美髮心得編撰成書，這些年來終於說動一向過於自謙的葉老師，而願意將私藏多年的美髮專業出書以分享同業。在這本書中，充滿著美髮與環境、時境、臉型的互動揮映，以及葉老師對於時尚的領導性構想。

　　看到這本書，就窺探出髮型美學的未來性；學習這本書的內容，似乎就預期學生未來的美髮造詣。我深深祝福每位美髮造型的學者！

國立雲林科技大學技術及職業教育研究所

民國 103 年 12 月 18 日

推薦序

隨著產業以精緻化型態發展，以及人際互動的頻仍，人們對於外在容貌修飾越趨重視，帶動整體造型在美學經濟的價值與效益。其中，在整體造型領域引以為首的髮型即可顯現一個時代的流行風貌，綜觀古今中外，髮型技藝儼然已是引導時尚潮流的重要表徵之一。

為能讓髮型基礎學理、髮型歷史沿革、髮型技藝知能得以延續與精進，所幸有孺萱老師以結構化、漸進式予以編撰《基礎髮型設計實務─20 種創意編梳》，造福校園莘莘學子，以及有志在美學領域發展的人才，讓髮型技藝的學習能兼俱理論與實務的知性與感性，更重要的是能陶冶個人美學藝術的情操。

美國作家梭羅曾說道：「書能解釋奇蹟，又能展現新的奇蹟，這本書就是為我們而存在了」。據此，透過本人與孺萱老師相識多年，對其專注於美學知能的鑽研給予高度肯定，也深深感動其為整體造型領域付出之心力，相信其撰著之書籍必能引領讀者習取髮型技藝知能的精髓，締造髮型美學的無限希望。

楊懿珊

印地摩沙有限公司業務經理

Contents

序
推薦序

目錄

01 緒論

髮型編梳的意涵	P002
髮型編梳的目的	P003
髮型編梳設計的基本原理	P003
髮型編梳與頭部基準點、線之關聯	P007
編梳工具介紹與應用	P011
自我評量	P020

02 髮型編梳歷史

中國歷代髮型編梳彙整	P026
西方代表性髮型編梳彙整	P031
自我評量	P036

03 髮基與刮髮技術

基本髮基	P040
刮髮技術	P042
自我評量	P047

04 髮夾夾法

交叉	P051
水平	P051
十字	P052
縫針式	P052
自我評量	P053

05 假髮使用與保養

假髮概述	P056
假髮介紹	P057
假髮保養與清潔	P059
自我評量	P060

06 編髮技術

單股編	P064
雙股編	P065
魚股編	P071
三股編	P072
四股編	P080
五股編	P082
六股編	P083
七股編	P084
八股編	P086
九股編	P087
多股編	P089
自我評量	P091

07 風格髮型編梳

清新柔美	P094
浪漫輕盈	P098
俏麗公主	P102
綺麗高雅	P116
溫柔婉約	P110

08 短髮造型編梳

粉紅甜心	P114
姹紫嫣紅	P128
紅粉佳人	P122
蘭質蕙心	P126
俏麗甜心	P130
恬靜優雅	P132

09 中長髮造型編梳

柔情似水	P138
風華絕色	P142
粉妝玉琢	P146
娉婷嫋娜	P150
一代容華	P155

10 長髮造型編梳

氣質典雅	P162
浪漫花語	P166
水漾精靈	P171
清秀佳人	P175

Chapter

ch1

緒論

髮型編梳的意涵

　　髮型編梳是呈現髮型藝術美感的表達方式之一，不同的設計外觀與風格型態，可以表達不同的視覺感受，諸如：大小、粗細、輕柔、沈重、活潑、高低、莊嚴、端莊、華麗、甜美、俏麗等質感的呈現；搭配不同髮型梳理的技巧，如：編織、扭轉、刮髮、堆疊、包覆等方式；以及結合不同的組織結構：大小、長短、上下、左右、斜向、高低、粗細、快慢、明暗、水平、垂直、直線、曲線、離心、向心等，展現髮型編梳的獨特風格。

　　整體而言，髮型編梳的設計要素可概略分為：時間（Time）、地點（place）、場合（occasion）、對象（object），以下將詳細介紹之：

時間（Time）

　　時間的考量範圍包括：年代、四季、節日慶典、時間變化、流行趨勢…等範圍，為能強調明確的主題，可依不同的時間需求進行髮型編梳設計，搭配合適的髮飾達到畫龍點睛的功效。

地點（place）

　　地點可概略區分為室內與室外，舉凡：光線的強弱、光線的效果、風量的影響，都是在地點要素中必須詳盡思考的要點。

設計髮型時要考慮地點的光線影響。

場合（occasion）

　　髮型編梳的設計型式須依不同的場合需要進行規劃，例如：畢業成果展的髮型編梳以符合舞台展演、造型走秀的誇張髮型為主。

對象（object）

　　對象（object）是髮型編梳最重要的考量要素，能依個人特質與主題，明確定義髮型編梳的設計型式進行操作，充份展現髮型編梳賦予個人的最大特色。

戶外的場合，要考慮更多的光線、天氣等因素。

髮型編梳的目的

髮型編梳的目的可概略區分為：外在儀容、展現自信、合乎禮儀、身份表徵、造型所需、保護頭部、美化臉型輪廓、參與相關競賽以及課程教學所需。分別詳述如下：

（一）**裝扮外在儀容：**整潔的服儀是給予他人產生良好第一印象的首要關鍵，因此外在儀容的打理在人際互動中亦顯重要。

（二）**展現個人自信：**髮型編梳是呈現個人獨特風格與特色的表現方式之一，合適的髮型編梳可以充份展現個人特色，增進個人自我信心。

（三）**合乎社交禮儀：**依出席場合需要進行髮型編梳，以合乎社交禮儀。

（四）**個人身份表徵：**綜觀東西方造型歷史，可見髮型編梳與設計是顯示個人身份或權貴的象徵。

（五）**整體造型所需：**依據造型展演、整體造型搭配所需，髮型編梳能讓造型外觀更加出色。

（六）**保護頭部肌膚：**髮型編梳具有頭部保暖、防曬、防風等功能，給予頭部肌膚適當保護。

（七）**美化臉型輪廓：**髮型編梳能修飾臉部輪廓，例如：高又寬的額頭可以將瀏海髮量編梳於額部，給予視覺上的修飾效果。

（八）**參與相關競賽：**舉凡各類型整體造型、專題製作等競賽，依競賽項目主題，結合髮型編梳使造型達到美化效果，對於競賽達到相輔相成之功效。

（九）**課程教學所需：**不論從事學校教職，或業界教育訓練、編髮類課程研習等，皆可因課程所需教授髮型編梳之知能，培養學生習得髮型編梳技術。

髮型編梳設計的基本原理

設計的原理是髮型編梳的基本知能，經過對設計原理概念化的整合，能夠加強髮型編梳的創作能力，並且提升髮型編梳的美感鑑賞力。髮型編梳設計的基本原理有：均衡、強調、比例、律動、漸變、反覆、單純、對比、多變、統整。以下就各原理做詳細介紹：

均衡

均衡（balance）是給予視覺上感覺質量的平衡感，並非實際的重量量測。通常視覺上的均衡常使作品達成一種秩序、穩定、一貫性的設計方式，可透過編髮區域的大小、髮色的明暗、髮片的色彩、編髮主題的強弱、髮絲的質感等，使髮型外觀保持平衡的狀態。均衡又可分為對稱均衡、不對稱均衡。

對稱均衡

是最基本的均衡原理，以線的左右、上下、對角線兩端互相對應成對稱感的方式，例如以中心線左右分區的方式做編髮設計。

表 1-1　對稱均衡

側向對稱	左上到右下的對角線區分，面積大小一樣。		左右對稱	均衡將左右兩邊加以區分，呈現對稱感。	
	右上到左下的對角線區分，面積大小一樣。				
輻射對稱	由中心點往外擴散方式展現對稱感。		上下對稱	均衡將上下兩邊加以區分，呈現對稱感。	

不對稱均衡

　　不對稱的均衡又可稱為「不對稱平衡」，可藉由髮型的分區面積大小、髮量的多寡、頭髮顏色的不同比例，以及頭髮顏色的不同明暗等方式，以呈現髮型編梳的不對稱均衡感設計。

強調

　　強調（Emphasis）是以首先能夠吸引觀眾的注意力為焦點，可藉由色彩、線條、造型、質感等要素影響強調的程度或誇張度，以及運用主配角之間的差異性、對比性來強調主要的設計感，達到突顯主題的效果。

比例

　　比例（Proportion）是指作品整體的大小、寬窄、濃淡、長短、高低、厚薄、輕重之比較，可以是整體設計成品的部分與部分之間，或部分與整體之間的比重關係。通常在長度、高度的比例上有所謂的「黃金比例」之稱，亦即 1：1.618（或 1：0.618），能夠給予人和諧、協調的美感。

以對比明度凸顯設計的禮服。

韻律

　　韻律（Rhythm）又可稱為律動或節奏，是指在靜態的情形中營造出視覺上的律動效果，因應造形、色彩、質感、光線等形式要素，當整體造型呈現合乎某種規律時，會引起個體在視覺、心理所產生的節奏感覺，即為「韻律」。通常，靜態的韻律感主要建立於規律的調和、反覆、漸層上。

漸變

　　漸變（Gradatiom) 又可稱為漸層、漸移，漸變的基本原理與反覆相類似，但主要是利用外觀或顏色的層次變化，產生活潑、輕快的視覺效果。表現形式有形狀、大小、位置、色彩、方向等方式的漸變；例如：籃編邊緣的縷空大小的漸層，或編髮時髮片的色彩深淺變化所產生的漸層，賦予視覺上的連續變化效果。

指推波紋，每一層波紋的比例約為 1：1.168，由小至大展現了韻律感。

反覆

　　反覆（Repetition）又可稱連續、重複，通常以相同單位的反覆，可以產生謹然有序的統一感；而類似單位的反覆，可以產生統一中有變化的感覺；不同單位的反覆，則可以產生變化中有統一的視覺效果。

　　在表現形式方面有二方連續和四方連續等方式。首先，二方連續是以一單位形式，向上下或左右延伸呈線狀發展；而四方連續是以一單位形式，向上下、左右延伸，呈現四面八方的連續擴展性。

加髮片編髮，呈現二方連續的反覆美感。

單純

單純（pure）是指將編髮設計的造型、線條、色彩、質感，以單純化、統一的呈現方式，形成簡單、樸素、純真的感覺，通常單純的表現方式能夠顯示事物的本質，例如：簡易的編髮搭配小型簡單的髮飾，呈現最原本的髮質與髮色。

對比

對比（Contrast）是將兩種性質完全不同的構成要素並置一處，容易引起視覺的動感、活潑、趣味的效果，在對比的表現形式有：形狀、色彩、線條、質感、份量等，例如：

1. 形狀的對比：圓形與方形。
2. 色彩的對比：
   （1） 色相對比：紅色與綠色、黃色與紫色、藍色與橘色。
   （2） 明度對比：黑與白、明與暗。
   （3） 彩度對比：鮮豔與混濁。
3. 線條的對比：彎曲與直線、粗與細、長與短。
4. 質感的對比：凹與凸、光滑與粗糙。
5. 份量的對比：大與小、疏與密。
6. 位置的對比：前與後、左與右、上與下、高與低等。

簡易的編髮搭配小型簡單的髮飾。

利用編髮弧度與份量的對比，呈現皇冠造型。

多變

多變（variation），在藝術創作領域中所謂的多變，即是指以不同的主題與材料來表現豐富的創造力，在編髮設計中也可以不同的編髮技巧加以整合，或者應用不同的髮飾元素，增加編髮設計的多元性，但須注意多變的組合避免流於紊亂的現象。

統整

統整（unite）是指將作品每一細部組合後達到和諧的整體感，例如：髮型編梳風格是華麗巴洛克型式，編梳的呈現即是誇張的外觀，內部髮根處襯以髮綿增加外部的蓬度與高度，並於髮面處編織複雜的編髮設計，於完成後擺放亮麗水鑽、璀璨繽紛的髮飾品。

利用絲綢花朵和珠珠的髮飾，呈現髮型的多元性。

髮型編梳與頭部基準點、線、面之關聯

頭部基準點與頭部基準線是髮型編梳的入門基礎，藉由基準點、線、面的組合，能輔助瞭解分區的概念，以及給予髮型編梳設計創作靈感與組合、修飾的意象關係。

頭部十五個基準點

頭部基準點共計有十五個，分別為：中心點、頂部點、黃金點、後部點、頸部點、前側點、側部點、側角點、耳點、耳後點、頸側點、中心頂部間基準點、頂部黃金間基準點、黃金後部間基準點和後部頸間基準點。進行髮型編梳可以依造型主題與風格，設計髮型外輪廓，以及考量髮飾用品配載的位置，突顯髮型編梳的風采，茲將頭部基準點詳述如下：

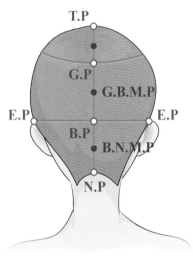

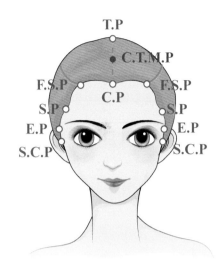

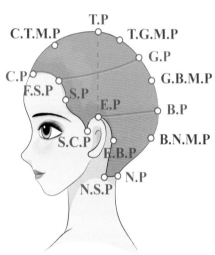

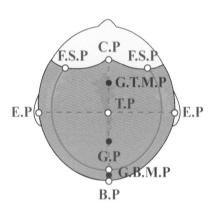

編號	符號	原文名稱	中文名稱
1	C.P.	Central Point	中心點
2	T.P.	Top Point	頂部點
3	G.P.	Golden Point	黃金點
4	B.P.	Back Point	後部點
5	N.P.	Neck Point	頸部點
6	F.S.P.	Front Side Point	前側點（左、右）
7	S.P.	Side Point	側部點（左、右）
8	S.C.P.	Side Corner Point	側角點（左、右）
9	E.P.	Ear Point	耳點（左、右）
10	E.B.P.	Ear Back Point	耳後點（左、右）
11	N.S.P.	Neck Side Point	頸側點（左、右）
12	C.T.M.P.	Central Top Middle Point	中心頂部間基準點
13	T.G.M.P.	Top Golden Middle Point	頂部黃金間基準點
14	G.B.M.P.	Golden Back Middle Point	黃金後部間基準點
15	B.N.M.P.	Back Neck Middle Point	後部頸間基準點

頭部七條基準線

頭部基準線共計有七條，分別爲：正中線、側中線、水平線、側頭線、臉際線、後頸線、頸側線。
茲將其詳述如下：

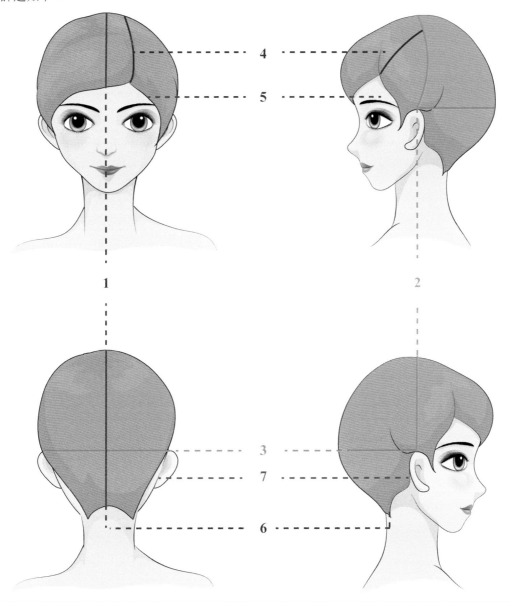

編號	原文名稱	中文名稱	說明
1	Front Central Line	正中線	由中心點開始，由前至後經過中心頂部間基準點、頂部點、頂部黃金間基準點、黃金點、黃金後部間基準點、後部點、後部頸間基準點、頸部點連接之線條。
2	Side Central Line	側中線	由上至下經過頂部點、耳點的連接線。
3	Horizontal Line	水平線	由耳點（左右）、後部點所連接的水平線。
4	Front Side Line	側頭線	由前側點連接到側中線的線條。
5	Facial Side Line	臉際線	由側角點（左、右）、側部點（左、右）、前側點（左、右）、中心點的連接線。
6	Back Central Line	後頸線	由頸側點（左、右）、頸部點連接的線。
7	Neck Side Line	頸側線	由耳點連接到耳後點、頸側點的線。

頭部的 360° 構面

　　髮型編梳作品美感不單單僅止於前、後、左、右的面向，應涵蓋 360° 角的構面進行創作構思與實務操作，結合髮型編梳的設計原理，搭配合適髮飾，加強髮型編梳外輪廓的線條銜接度，始能讓髮型編梳作品環顧四面八方展現立體、生動的美感。

髮型編梳需考慮頭部 360° 角的構面

編梳工具介紹與應用

　　「工欲善其事，必先利其器」，具備足夠、合適的髮型編梳工具，始能輔助編髮技能之操作。編梳工具可概略分為五類，分別為：美髮造型品、髮夾類、髮棉與工具梳類、造型髮捲與造型電器用品、髮型配飾用品。以下就各類編梳工具詳述之：

美髮造型品

美髮造型品	品名	說明
	慕絲	呈現白色濃稠細緻泡泡，可以直接塗抹在溼潤的髮絲上，再以烘罩或吹風工具加以吹整，維持燙捲的髮質保有持久性捲度，並呈現亮麗光澤與髮質蓬鬆彈性的優點。
	髮麗香、造型噴霧	雖然亦可使用於溼髮，但通常使用於乾髮。具黏性可以維持髮型外觀，一般編梳包頭、吹髮、整髮時最常使用。須注意若髮絲表面有使用玫瑰夾或其他長夾固定，在使用此類造型品時須避開夾具，或噴上少許造型品後立即取下夾具，以免髮絲表面產生夾具的壓痕。
	髮蠟	可以增加毛髮表面的硬挺度，通常用於短髮，以及長捲髮質。
	亮油	增加髮型梳理後的亮澤感，一般使用於美髮造型噴霧之後，待髮型完成後才使用亮油噴霧於毛髮表面。

美髮造型品	品名	說明
	潤絲精	髮型梳理若以刮髮技巧搭配繁複的編髮,加上使用美髮造型品,例如:髮麗香、髮蠟…等,皆會使毛髮呈現不易梳理甚至糾結的現象。因此,在清潔編梳後的髮絲時,必須先使用潤絲精適度順理髮絲以及修護髮質,待清水沖淨後再使用洗髮精或洗髮乳產品,最後,再次使用潤絲產品於髮稍,呵護髮質與毛鱗片。
	蓬鬆粉	於髮根處,維持髮絲呈現蓬鬆具空氣感效果,使用後髮絲不會變硬。
	蓬鬆噴霧	噴於髮根處,如同蓬鬆粉可維持髮絲蓬鬆感,但膠水乾燥後髮絲會變硬。

髮夾類

髮夾	品名	說明
	長型夾、鴨嘴夾	能局部固定頭髮,方便造型所需進行分層操作,以及秀髮分區造型用途,長期夾在髮絲上,髮質表面會有壓痕。
	荳荳夾	能局部固定頭髮,方便造型所需進行分層與分區操作,長期夾在髮絲上,髮質表面會有壓痕。
	恐龍夾	髮夾表面有兩段式關節構造,能緊密夾住髮量,長期夾在髮絲上,髮質表面會有壓痕。
	平卡夾(塑膠 / 金屬)	材質有純金屬,以及金屬外包覆塑膠兩種不同款式。平卡夾體積較小,長度較短,僅能夾住少量髮量,以及固定局部較少的髮量。
	哈巴夾、鯊魚夾	藉由寬面的咬合夾面,可將較多的髮量輕易扭轉夾起與固定。

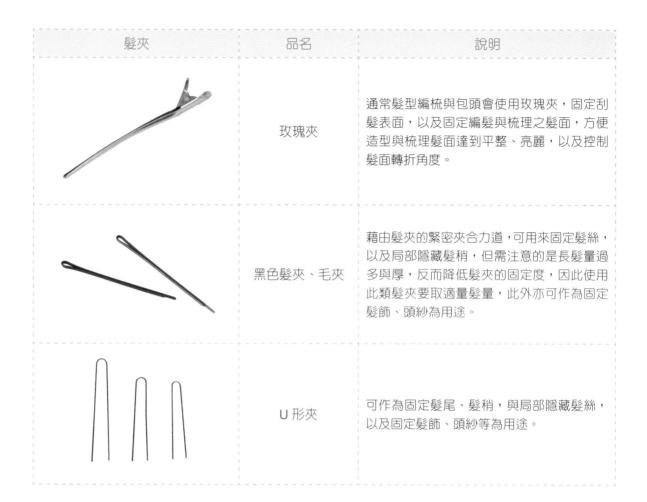

髮夾	品名	說明
	玫瑰夾	通常髮型編梳與包頭會使用玫瑰夾，固定刮髮表面，以及固定編髮與梳理之髮面，方便造型與梳理髮面達到平整、亮麗，以及控制髮面轉折角度。
	黑色髮夾、毛夾	藉由髮夾的緊密夾合力道，可用來固定髮絲，以及局部隱藏髮稍，但需注意的是長髮量過多與厚，反而降低髮夾的固定度，因此使用此類髮夾要取適量髮量，此外亦可作為固定髮飾、頭紗為用途。
	U形夾	可作為固定髮尾、髮稍，與局部隱藏髮絲，以及固定髮飾、頭紗等為用途。

髮棉與工具梳類

髮棉與工具梳	品名	說明
	髮綿	材質為壓克力塑化而成，質地較軟，置於髮根處以毛夾固定，用於增加髮型外觀的份量與蓬度，可減少刮髮的髮量。
	髮包	以小型髮網包覆真髮或假髮彙集成髮包型式，質地較硬，用於增加髮型外觀的份量與蓬度，可減少刮髮的髮量。

髮棉與工具梳	品名	說明
	圓梳	材質有塑膠、金屬、陶瓷、鬃毛、木製等，塑膠較輕、金屬導熱性佳、陶瓷恆溫、鬃毛張力較大、木製抗靜電。此外，圓梳有數種不同大小尺寸，依使用所需可選擇適合大小使用。圓梳可用來吹整瀏海呈現內彎效果，以及吹整出捲曲蓬鬆的髮絲。
	輔助梳、大板梳、AB 梳	一般用於吹風輔助時用，因為梳子的齒寬較寬，便於輔助梳理髮流。
	尖尾梳	尖尾梳的齒寬較密，而握把部尾端較尖細，便於髮線分區操作，材質有電木製、塑膠製、鐵製、碳纖維等。電木材質與碳纖維材質張力大可抗靜電；塑膠材質彈性較佳；鐵製表面較光滑可降低梳理髮絲的摩擦力，且導熱效果較快。
	排骨梳	雖然排骨梳的齒數較多，但齒寬較寬，一般而言適用於梳理加強線條表現，以及提拉髮根與髮面的角度。
	夾梳、離子梳、直髮梳、麵包梳	外觀類似大型夾具，上下皆有梳齒設計，透過握把尾部的彈簧設計，極便利造型者可以快速與大範圍梳整直髮。
	九排梳、七排梳	梳子的齒距密度高，富彈性，可以搭配吹風機將髮絲吹整出直順、亮澤的效果。
	刮梳	常見材質有電木、鬃毛材質；電木抗靜電，鬃毛張力大、彈性佳。刮梳的齒面有高有低，以便於刮髮時在髮面上的施力接觸點有所不同，進而製作出逆刮髮的蓬鬆效果。

15

髮棉與工具梳	品名	說明
	S 梳	梳子外觀呈現 S 曲線，主要在於配合頭型與髮面的圓弧線緣，便利操作梳整髮絲，且 S 梳的齒面材質以純鬃毛或鬃毛尼龍混合，富彈性、張力大，能便於梳理髮絲或梳開刮髮處，減少髮絲因梳整產生斷裂的現象。
	挑梳	挑梳的特點在於有一小排細金屬材質的齒面，可作為局部挑整髮流線條，進行較精密的修補外觀。

造型髮捲與造型電器用品

造型髮捲與造型電器	品名	說明
	造型用髮捲、塑膠髮捲	使用於電棒之前，可以改善髮根角度，以及維持秀髮捲度。
	閃電夾、玉米鬚夾、波浪夾	閃電夾有數種名稱，使用上是電捲棒之外的另一種選擇，可以增加視覺上的髮量，讓髮絲呈現數種細小彎曲，達到髮質蓬鬆感，極適合髮量較少的模特兒造型用。 在包頭製作時，可取代刮髮技巧，增加髮根的厚實感與髮量的蓬度。
	電熱捲	透過插電讓捲子快速加熱，能迅速將全部頭髮加熱塑捲，待所有電熱捲冷卻後，即可輕易卸下所有捲子，方便捲髮造型用。

造型髮捲與造型電器	品名	說明
	電捲棒	電捲棒有不同大小尺寸，依造型需求選擇適合的捲心尺寸，通常要呈現強烈明顯的捲髮時，必須使用較小尺寸的電捲棒。
	平板夾、離子夾	透過內層雙平面金屬材質高溫加熱，將分層髮束由髮根至髮尾，經過夾壓與拉提的方式，維持秀髮直順亮麗的質感，還能些微增加髮絲長度，適合離子燙髮質，以及改善自然捲與毛燥髮質者使用。
	吹風機	在髮型編梳中吹風機扮演的角色有： 1. 改善髮根與髮流方向—利用吹風機的熱風使髮絲產生熱塑效果，可以改變髮根與髮線的角度與方向，同時增加髮絲表面的亮澤感。 2. 使用於美髮造型噴霧後—利用吹風機的冷風效果，使用於美髮造型噴霧後，可以加速髮型表面定型。
	烘髮機、大吹	有不同溫度與不同的風速，可搭配塑膠髮捲，讓全頭毛髮捲曲，以及改善髮根倒向。

髮型配飾用品

髮型配飾	品名	解釋
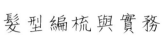	造型花朵類	以各種布料材質如：絲質、人造布、絨布、緞布…等，製作成各色、各型式的花飾，通常以毛夾加強固定底部邊緣，增加造型花朵在髮型表面的穩定度。
	皇冠類	通常以金屬面材質，搭配亮鑽、珠類、陶瓷飾品等元素構成皇冠飾品，一般會以 U 型夾或毛夾固定於皇冠底部兩端小圓孔設計處，以增加皇冠在髮型表面的穩定度。
	髮圈類	市售髮圈類飾品外觀型式琳瑯滿目，可概略分為塑膠類與金屬材質類；在款式而言，髮圈上方亦會搭配各式鑽類、布類、珠類、蕾絲等素材，依髮型所需增加美觀度。
	網紗類	網紗類具良好挺度與可塑性，可依需要摺疊製造出漸層的透明效果，增添髮型的美觀性。

髮型配飾	品名	解釋
	簪飾類	簪材質可概略分為金屬、塑膠與木類，市售簪飾類飾品大小不一，可依髮型所需挑選適合簪飾。使用簪飾類飾品需當心勿挫傷頭皮，將簪飾類飾品插於髮型中須注意力道。
	鍊飾類	鍊飾類可恣意繞於髮型外觀，需留意隱藏好固定鍊飾的毛夾或 U 型夾，勿使其外顯於髮型表面破壞美觀性。
	帽飾類	帽飾類頭飾大小不一，依髮型設計所需，可選擇合適的帽飾類產品。
	夾飾類	依材質可概略分為：金屬類、塑膠類。夾飾類飾品外觀大小不一，飾品上方有不同素材的設計，舉凡：鑽類、珠類、布類、塑膠類、木類…。使用夾飾類需注意飾品大小與髮量的適切性。
	橡皮筋與髮束類	飾品造型、大小不一，在髮飾配載方面藉由綑綁髮量集結成束，依髮型所需可選擇合適飾品搭配。
	頭巾緞帶與蕾絲類	頭巾、緞帶、蕾絲具柔軟有良好的可塑性，造型中可恣意扭轉或摺疊於髮型設計，增添髮型展現不同的風情。

自我評量

一、是非題

(　) 1. 髮型編梳是呈現髮型藝術美感的表達方式之一。

(　) 2. 髮型梳理的技巧包括：編織、扭轉、刮髮、堆疊、包覆等方式。

(　) 3. 髮型編梳的設計要素可概略分為：時間（Time）、地點（place）、場合（occasion）等三個。

(　) 4. 不同的髮型編梳設計外觀、風格型態，可以表達不同的視覺感受

(　) 5. 整潔的服儀是給予他人產生良好第一印象的首要關鍵。

(　) 6. 髮型編梳最重要的考量要素為「對象」，能依個人特質與主題特色，明確定義髮型編梳的
設計型式。

(　) 7. 給予視覺上感覺質量的平衡感稱為「均衡」。

(　) 8. 不對稱平衡的設計可藉由髮型的分區面積大小、髮量的多寡呈現髮型編梳的不對稱均衡感
設計。

(　) 9. 引起個體在視覺、心理所產生的節奏感覺即為「均衡」。

(　) 10. 運用主配角之間的差異性、對比性來強調主要的設計稱為「比例」。

(　) 11. 「黃金比例」為 1:1.618（或 1:0.618）。

(　) 12. 反覆（Repetition）又可稱連續、重複。

(　) 13. 二方連續是以一單位形式，只有上下的連續效果。

(　) 14. 對比的英文為 Proportion。

(　) 15. 將編髮設計的造型、線條、色彩、質感，以單純化、統一的呈現方式稱為「單純」。

(　) 16. 質感的對比有凹與凸、光滑與粗糙。

(　) 17. 統整（unite）是指將作品每一細部組合後達到和諧的整體感。

(　) 18. 頭部基準點共計有 13 個。

(　) 19. 頭部基準點 T.P. 表示為黃金點。

(　) 20. 頭部基準點 N.S.P. 表示為頸側點。

(　) 21. 頭部基準點 F.S.P. 表示為側部點。

(　) 22. 黃金後部間基準點的英文縮寫為 B.N.M.P.。

(　) 23. 頭部基準線有 8 條。

(　) 24. Front Central Line 是正中線。

(　) 25. 側中線由上至下經過頂部點、耳點的連接線。

(　) 26. 後頸線由頸側點（左、右）、頸部點連接的線。

(　) 27. 頸側線由耳點連接到耳後點、頸側點的線。

(　) 28. 髮型編梳作品美感應以 180°角為設計考量。

(　) 29. 髮型編梳的設計原理，以及搭配合適髮飾，加強髮型編梳外輪廓的線條銜接度，始能讓髮
型編梳作品環顧四面八方展現立體、生動的美感。

(　) 30. 編梳工具包括：美髮造型品、髮夾類、髮棉與工具梳類、造型髮捲與造型電器用品、髮型
配飾用品。

（　）31. 慕絲不可以直接塗抹在溼潤的髮絲上。

（　）32. 噴上髮麗香造型品須避開夾具，或噴上少許造型品後立即取下夾具，以免髮絲表面產生夾具的壓痕。

（　）33. 潤絲增加毛髮表面的硬挺度。

（　）34. 蓬鬆粉噴於髮根處，維持髮絲呈現蓬鬆具空氣感效果。

（　）35. 平卡夾能夾住較多的髮量。

（　）36. 哈巴夾又名玫瑰夾。

（　）37. 通常髮型編梳與包頭會使用玫瑰夾。

（　）38. 小黑髮夾、毛夾的使用方面，如果髮量過多與厚，反而降低髮夾的固定度。

（　）39. 鴨嘴夾能局部隱藏髮絲。

（　）40. 髮綿大多材質為壓克力塑化而成，質地較軟。

（　）41. 真髮所做成的髮包比壓克力髮綿柔軟有彈性。

（　）42. 尖尾梳的齒寬較密，而握把部尾端較尖細，便於髮線分區操作，材質有電木製、塑膠製、鐵製、碳纖維等材質。

（　）43. 鐵製尖尾梳彈性較佳。

（　）44. S 梳的齒面材質以純鬃毛或鬃毛尼龍混合。

（　）45. 緞帶可恣意扭轉或摺疊於髮型設計，增添髮型展現不同的風情。

二、選擇題

（　）1. 年代造型、一年四季、節日慶典、時間變化是屬於何種髮型編梳的設計要素？（A）時間（Time）　（B）地點（place）　（C）場合（occasion）　（D）對象（object）。

（　）2. 舉凡光線的強弱、光線的效果、風量的影響都是屬於何者？（A）時間（Time）　（B）地點（place）　（C）場合（occasion）　（D）對象（object）。

（　）3. 髮型編梳最重要的考量要素為何？（A）時間（Time）　（B）地點（place）　（C）場合（occasion）　（D）對象（object）。

（　）4. 最基本的均衡原理為？　（A）不對稱均衡　（B）對稱均衡　（C）均衡　（D）不均衡。

（　）5. 在靜態的情形中營造出視覺上的律動效果稱為：（A）對比　（B）多變　（C）韻律　（D）單純。

（　）6. 能夠吸引觀眾的注意力為焦點稱為：（A）強調　（B）比例　（C）律動　（D）反覆。

（　）7. 「黃金比例」的分配為：（A）1:0. 168　（B）1:1. 861　（C）1:1. 168　（D）1:1.618。

（　）8. 漸變的英文為：（A）Gradatiom（B）Rhythm（C）Proportion（D）Emphasis。

（　）9. 黃色對比色為：（A）綠色　（B）紫色　（C）藍色　（D）橘色。

（　）10. 紅色對比色為：（A）綠色　（B）紫色　（C）藍色　（D）橘色。

（　）11. 在設計的專有名詞中，鮮豔與混濁的對比關係為：（A）乾淨度對比　（B）明度對比　（C）色相對比　（D）彩度對比。

（　）12. 以不同的主題與材料來表現豐富的創造力稱之為：（A）混搭　（B）反覆　（C）多變　（D）創造力。

（　）13. 頭部基準點共計有幾個？（A）13個　（B）14個　（C）15個　（D）16個。

（　）14. 頭部基準點 C.P. 表示為：（A）黃金點　（B）後部點　（C）耳點　（D）中心點。

（　）15. 頭部基準點 T.P. 表示為：（A）黃金點　（B）頂部點　（C）耳點　（D）後部點。

（　）16. 頭部基準點 G.P. 表示為：（A）黃金點　（B）後部點　（C）耳點　（D）中心點。

（　）17. 頭部基準點 B.P. 表示為：（A）黃金點　（B）後部點　（C）耳點　（D）中心點。

（　）18. 頭部基準點 N.P. 表示為：（A）黃金點　（B）後部點　（C）頸部點　（D）耳點。

（　）19. 頭部基準點 F.S.P. 表示為：（A）中心點　（B）側部點　（C）黃金點　（D）前側點。

（　）20. 頭部基準點 S.P. 表示為：（A）側部點　（B）中心點　（C）黃金點　（D）前側點。

（　）21. 頭部基準點 S.C.P. 表示為：（A）側部點　（B）中心點　（C）側角點　（D）前側點。

（　）22. 頭部基準點 E.P. 表示為：（A）黃金點　（B）頂部點　（C）後部點　（D）耳點。

（　）23. 頭部基準點 E.B.P. 表示為：（A）耳後點　（B）頂部點　（C）後部點　（D）黃金點。

（　）24. 頭部基準點 N.S.P. 表示為：（A）耳後點　（B）頂部點　（C）後部點　（D）頸側點。

（　）25. 頭部基準點 C.T.M.P. 表示為：（A）黃金後部間基準點　（B）中心頂部間基準點　（C）頂部黃金間基準點　（D）後部頸間基準點。

（　）26. 頭部基準點 T.G.M.P. 表示為：（A）黃金後部間基準點　（B）中心頂部間基準點　（C）頂部黃金間基準點　（D）後部頸間基準點。

（　）27. 頭部基準點 G.B.M.P. 表示為：（A）黃金後部間基準點　（B）中心頂部間基準點　（C）頂部黃金間基準點　（D）後部頸間基準點。

（　）28. 頭部基準點 B.N.M.P. 表示為：（A）黃金後部間基準點　（B）中心頂部間基準點　（C）頂部黃金間基準點　（D）後部頸間基準點。

（　）29. 頭部基準線 Horizontal Line 表示為：（A）側中線　（B）水平線　（C）側頭線　（D）頸側線。

（　）30. 由中心點開始，由前至後經過中心頂部間基準點、頂部點、頂部黃金間基準點、黃金點、黃金後部間基準點、後部點、後部頸間基準點、頸部點連接之線條稱為：（A）正中線　（B）側中線　（C）水平線　（D）臉際線。

（　）31. 由前側點連接到側中線的頭部基準線線條稱之為：（A）側頭線　（B）頸側線　（C）臉際線　（D）正中線。

（　）32. 頭部基準線由側角點（左、右）、側部點（左、右）、前側點（左、右）、中心點的連接線稱為：（A）水平線　（B）正中線　（C）側中線（D）臉際線。

（　）33. 頭部基準線 Neck Side Line 表示為：（A）後頸線（B）頸部線　（C）頸側線　（D）正中線。

（　）34. 呈現白色濃稠細緻泡泡，可以直接塗抹在溼潤的髮絲上稱為：（A）髮蠟　（B）亮油　（C）髮麗香　（D）慕絲。

（　）35. 髮夾表面有兩段式關節構造，能緊密夾住髮量的為：（A）恐龍夾　（B）平卡夾　（C）哈巴夾　（D）玫瑰夾。

（　）36. 可作為固定髮尾、髮稍，與局部隱藏髮絲的用具為：（A）哈巴夾　（B）平卡夾　（C）玫瑰夾　（D）U形夾。

（　）37. 增加髮型外觀的份量與蓬度，可減少刮髮的髮量的用品為：（A）髮片　（B）髮綿　（C）髮網　（D）髮膜。

（　）38. 木製圓梳的功用為：（A）張力較大　（B）材質較輕　（C）抗靜電　（D）恆溫。

（　）39. 金屬製圓梳的功用為：（A）導熱性佳　（B）材質較輕　（C）抗靜電　（D）恆溫。

（　）40. 鬃毛圓梳的功用為：（A）張力較大　（B）材質較輕　（C）抗靜電　（D）恆溫。

（　）41. 陶瓷製圓梳的功用為：（A）張力較大　（B）材質較輕　（C）抗靜電　（D）恆溫。

（　）42. 一般用於吹風輔助時用，因為梳子的齒寬較寬，便於輔助梳理髮流稱為：（A）尖尾梳　（B）排骨梳　（C）刮梳　（D）AB梳。

（　）43. 梳子外觀呈現S曲線的為：（A）弧線梳　（B）C型梳　（C）彎梳　（D）S梳。

（　）44. 梳子的特點在於有一小排細金屬材質的齒面，可作為局部修髮流線條，進行較精密的修補外觀為：（A）尖尾梳　（B）挑梳　（C）鋼梳　（D）刮梳。

（　）45. 使用於電棒之前，可以改善髮根角度，以及維持秀髮捲度的為：（A）髮捲　（B）髮綿　（C）髮麗香　（D）髮膠。

（　）46. 讓髮絲呈現數種細小彎曲，達到髮質蓬鬆感，極適合髮量較少的模特兒造型用的用具為：（A）玉米鬚夾　（B）電熱捲　（C）電捲棒　（D）冷燙捲。

（　）47. 適合離子燙髮質，以及改善自然捲與毛燥髮質者使用的用具為：（A）平板夾　（B）玉米鬚夾　（C）尖尾梳　（D）九排梳。

（　）48. 花朵類頭飾通常用何種用具固定於頭髮上：（A）玫瑰夾　（B）哈巴夾　（C）毛夾　（D）U形夾。

（　）49. 具良好挺度與可塑性，可依需要摺疊製造出漸層的透明效果的髮飾為：（A）頭巾　（B）緞帶　（C）蕾絲　（D）網紗。

（　）50. 關於簪材質，下列何者為非：（A）金屬　（B）塑膠　（C）木　（D）布質。

三、問答題

一、髮型編梳的目的為何？

二、髮型編梳設計的基本原理有哪些？

三、頭部十五個基準點有哪些？

四、頭部基準線有哪七條？

五、編梳工具可概略分為哪五類？

Chapter

Ch2

髮型編梳歷史

中國歷代髮型編梳彙整

　　綜觀中國歷代女性的髮型，主要皆以長髮的造型設計，髮型的梳整方式，基本有：梳、綰、鬟、結、盤、疊、髻等變化而成；髮型的呈現方式則分為結鬟式、擰旋式、盤疊式、結椎式、反綰式、雙掛式等主要六類，並且在梳整完成後再於髮型上搭配各類簪、釵、步搖、珠花…等配飾。

　　為釐清中國歷代髮型編梳主要型式，以下分別按不同朝代區分髮型編梳之沿革：

夏、商、周、春秋、戰國時期

　　髮型的形式隨著朝代的演變由簡單趨於複雜，成年的男子與婦女喜於頭頂部梳髻，並以簪飾固定或裝飾。自商代以後開始配戴額箍等鑲飾飾品，「額箍」為裝飾在頭額處梳成圓圈箍狀的頭冠，又稱為「圓帽」。在此時期也盛行在頭頂或腦後盤成各種形狀的編梳設計，稱為「髻」，比如以正中線分左右兩區，兩邊各自梳理，而成「雙髻」。戰國時期的玉雕像古物可看出「垂髻」的形式，亦即將頭髮梳理於後部，並於髮尾處盤繞打成銀錠狀，置於肩背間的垂髻稱為「垂雲髻」。

戰國時期的垂雲髻

秦、漢朝

　　秦代有凌雲髻、望仙九鬟髻、參鸞髻、神仙髻、迎春髻、垂雲髻、黃羅髻等髮型編梳設計。在秦代，貴族女性最為盛行的髮型是「九鬟仙髻」，根據「中華古今註」記載：「始皇詔后梳凌雲髻，三宮梳望仙九鬟髻」；其九鬟意思是以多為最高貴之意，且鬟是以包覆假髮，古時稱為「髢」，製成各式套環，且內部有細金屬物支撐，外部加上許多的貴重珠寶。

　　漢代有墮馬髻、瑤台髻、迎春髻、垂雲髻、盤桓髻、百合髻、同心髻等髮型編梳設計，其中最為盛行一時的首推墮馬髻，透過文獻記載是漢順帝的皇后兄長梁冀之妻孫壽所創，髻的形狀如同人從馬上墮落之勢，顯現柔美嬌豔之姿。通常平民的髮型以平髻為主，貴族則梳以高髻顯示身份地位。

九鬟仙髻

魏晉南北朝

此朝代的髮型多以誇張架高、線條往外延伸，例如：靈蛇髻、白縮髻、白花髻、芙蓉髻、涵煙髻、纈子髻、流蘇髻…等。其中，靈蛇髻最為盛名，透過《采蘭雜誌》記載當時甄后在魏宮中，見宮庭樹叢中綠蛇盤結樹枝如一髻形，甄后仿效其形式梳髻名為「靈蛇髻」。靈蛇髻以類似擰麻花的圖案，於內部以金屬材質包覆假髮，故此有豐富的動態變化，頗受當時婦女的喜愛。

晉代婦女的髮型崇尚高、大，受限於本身髮量的不足，當時盛行以假髻的形式戴於頭部，增加髮型華麗壯觀的意象；且當時婦女為增加髮型表面的亮澤感，會在髮型外觀抹上一層蛋白，或者以植物汁液美化髮型，並且戴上華麗髮飾增添髮型的風采。

晉代婦女的髮型

隋唐五代

透過文獻資料「中華古今註」、「狀台記」顯示，隋代有迎唐八鬟髻、翻荷髻、坐愁髻、九真髻、側髻等。唐代的髮型更加多變與繁複，有倭墮髻、高髻、低髻、鳳髻、小髻、反綰髻、同心髻、側髻、花髻、百合髻、雲鬟、高鬟、雙鬟、蟬髻、雪髻、叢髻、輕髻…等許多款式，髮型款式與種類在晚唐時期更加高大華麗。

常見的髮型有下列：

1. 高髻

以髮髻的高聳外觀命名之，在晚唐與五代時期的婦女皆喜愛將髻梳高，例如：鳳髻，以高聳的髮型展現鳳鳥的氣勢，並搭配鳳凰的華麗飾品，增添尊貴與奢華的風格。此外，流行的還有雙鬟望仙髻，以中心線區分左右髮絲，並於頭頂兩側盤繞兩個高聳的髮髻。

鳳髻

2. 花髻

　　於高髻的髮型外觀搭配鮮花，在唐代更崇尚與熱愛牡丹花，因牡丹花象徵富貴、嬌豔，所以花髻的設計多半以牡丹花裝飾於髮型外觀，再點綴金銀珠寶展現富麗風格。

3. 鬟

　　鬟是以髮束包覆鐵絲，可以在原本髻形上展現中空的環狀髮型，鬟多半以假髮為主要素材，在隋唐五代時期以未婚女子流行梳「雙鬟」髮型。

隋唐五代時期流行的「鬟」

唐朝花髻

宋朝

　　宋代的髮型主要配合當時講究曲線與秀麗的服飾相呼應，所以在女性髮型的梳理上主要有高髻和包髻。

1. 高髻

　　髮型崇尚典雅高貴，使整體視覺比例更加修長，且為了增加高髻的高度，在髮型內部或外部裝飾假髮，稱之為「髮髻」，通常髮髻高度以五、六寸左右，並於其上鑲飾花朵、珠寶，展現秀麗的美感。

2. 包髻

　　以絹、帛等輕柔材質的包覆於髻形外觀，並將絹帛製作成花形或浮雲裝飾，展現浪漫的視覺效果。

元朝

　　元代的婦女髮型流行「龍盤髻」，將髮束盤旋於頭頂部，而古人又以龍為吉祥與神聖的表徵物，故取名為龍盤髻。

明朝

　　明代的婦女髮型流行有雙螺髻、杜韋娘髻等。首先，雙螺髻盛行於江浙一帶，髮髻分左右高聳於頭頂兩側，實心形狀似海螺殼外觀堆砌而成。杜韋娘髻的名字由來，為嘉靖中葉紅極一時的妓女杜韋之名，實心髮髻低小、俐落、便於梳理。

宋朝高髻

宋朝包髻

元朝龍盤髻

明朝雙螺髻

清朝

清代流行的髮型有牡丹頭、荷花頭、鉢盂頭，皆是同一類型的髮型，髮髻形式高聳壯大，於康熙、乾隆年間相當盛行。牡丹頭、荷花頭、鉢盂頭的髮型內部以假髮為基底，並以黏液將髮型表面加以固定，使之整齊、光亮。因梳頭與維護髮型耗廢太多時間，在清代末年高髻式髮型逐漸消失，取而代之的是簡單俐落的辮子，以及各式的前瀏海設計。

清朝流行的牡丹頭

清朝各式前瀏海設計

西方代表性髮型編梳彙整

中古時期至十六世紀

　　西方國家在此時期受到民族遷移、基督教興起、拜占庭文化等因素的影響，最著名的流行表徵屬「哥德風格」，以高聳尖塔銳角三角形的輪廓為特色，女性髮型以前額高禿、無瀏海設計，且髮束多半綁緊包頭於頭頂部，頭部再戴上圓錐狀的高聳帽飾。

十七世紀

　　十七世紀的歐洲盛行「巴洛克藝術」，其源於義大利語：Barocco，英語為：Baroque，原意為「變形的珍珠」。巴洛克藝術風格是矯飾藝術的主要代表，髮型以長捲髮進行設計，甚至男性也流行起戴長捲型假髮，並搭配有鴕鳥羽毛的大寬邊帽，以及三角帽、高禮帽等帽飾。女性髮型將捲髮向後梳理，前額沒有瀏海或少量瀏海，全部髮型紮成寬大高聳的髮髻，或將細小捲曲的髮絲垂於臉頰兩側，修飾臉部輪廓，並戴上華麗髮飾，展現巴洛克的華麗風采。

戴上圓錐狀的高聳帽飾的女性。[1]

17 世紀的女性髮型。[2]

1　Details from "Mary of Burgundy's Book of Hours", 1467-1480.
2　〝Portrait of Mary Radclyffe〞 by William Larkin, circa 1610-13

十八世紀

十八世紀以法國大革命區分前後差異性。

1.　法國大革命之前

此時盛行「洛可可造型」，法語為：Rocaille，英語為：Rococo，是發源於法國的藝術風格，強調 C 形、S 型螺旋狀線條。相較十七世紀巴洛克矯飾藝術，洛可可更加誇張與奢華、亮麗，男性大多載假髮並中分設計，初期是膨鬆長捲逐漸變圓弧狀，在中後期假髮以兩邊捲曲，後部馬尾、辮子，最後綁上蝴蝶結裝飾。女性髮型高聳寬大，甚至高度超越高過一個頭部的距離，髮型內部塞以大量填充物，以及運用大量的假髮，髮型表面加以複雜編髮、空心捲設計，最後再裝飾大量繁複、華麗的金銀、鑽石、蕾絲等髮飾，表現高貴儷人的氣勢。代表人物就是法王路易十六皇后瑪麗安東涅特（Marie Antoinette）。

瑪麗安東涅特。[3]

18 世紀誇張的女性髮型。[4]

3　"maria antonieta",by Joshua Reynolds,1777
4　"The Marquise de Becdelièvre", by Alexander Roslin,1780

2. 法國大革命之後

將此時稱爲「新古典主義」，英語爲：Neo-classicism，表現淡雅、自然、平實的特色，男性已不再戴假髮，以俐落的短髮爲主，並配戴高禮帽或雙角帽；而女性的髮型方面，於 1798 年女性視短髮爲新時尙，並且配戴樸素的麥梗帽更是流行的時尙配件。

十九世紀

在 1820 年代歐洲女性再度回復 17 世紀華麗、矯飾的審美觀，貴族女性髮型以長髮辮子造型爲特色，呈現瘦窄的視覺效果，並配載華麗、精緻的髮飾。此外，在 1890 年代起，西方流行「S」曲線在整體造型上的設計與應用。

18 世紀後期女性流行配戴麥梗帽。[5]

以辮子爲特色的 19 世紀女性髮型。[6]

5　"Portrait of Madame Emilie Seriziat and her Son",by jacques louis david ,1795
6　"Empress Elisabeth of Austria in Courtly Gala Dress with Diamond Stars",Franz Xaver Winterhalter,1865

二十世紀

　　在二十世紀的髮型特色中，以 1930 年代女性髮型以燙髮為代表，以展現柔美、浪漫的視覺感受。1960 年代女性也崇尚俐落的短髮為特色，其中在 1960 年代的當紅女星賈桂琳貝西 (Jacqueline Bisset)，和超模崔姬 (Twiggy) 是時下女性所流行的指標。

1930 年代以燙髮為特色。[7]

1960 年代女性崇尚俐落短髮。[8]

7　Share By media-cache-ak0.pinimg.com
8　Twiggy,Photo Bert Stern,New York 1967

二十一世紀

　　隨著科技的發達，讓髮型素材與工具更加多元，舉凡：染髮技術、熱塑燙技術、電熱捲…等產品的更新，讓髮型的設計不論在燙、整、染方面，都能有更多的造型變化與選擇。

捲髮造型可透過各種工具和技術打造。

產品與技術的更新，讓造型有更多變化。

染髮技術的更新，讓造型更多彩。

自我評量

一、是非題

( ) 1. 綜觀中國歷代女性的髮型，主要皆以長髮的造型設計。

( ) 2. 夏、商、周朝時期，頭額處有「頭箍」，亦即裝飾在頭額處梳成圓圈箍狀。

( ) 3. 夏、商、周朝時期，成年的男子與婦女喜於頭頂部梳髻，並以簪飾固定或裝飾。

( ) 4. 髮型的梳整方式，基本有：梳、綰、鬟、結、盤、疊、鬢等變化。

( ) 5. 七鬢意思是以多為最高貴之意。

( ) 6. 晉代婦女的髮型崇尚高、大，受限於本身髮量的不足，當時盛行以假髻的形式戴於頭部

( ) 7. 自秦代以後配戴額箍鑲飾飾品。

( ) 8. 髮型的呈現方式分為結鬟式、擰旋式、盤疊式、結椎式、反綰式、雙掛式。

( ) 9. 髮型的形式隨著朝代的演變由簡單趨於複雜。

( ) 10. 秦漢的髮型「鬟」是以包覆假髮，稱為「髻」。

( ) 11. 在晚唐與五代時期的婦女皆喜愛將髻梳高，例如：鳳髻。

( ) 12. 秦代流行的還有雙鬟望仙髻，以中心線區分左右髮絲，並於頭頂兩側盤繞兩個高聳的髮髻。

( ) 13. 秦代有凌雲髻、望仙九鬟髻、參鸞髻、神仙髻、迎春髻、垂雲髻、黃羅髻等髮型編梳設計。

( ) 14. 花髻的設計多半以蓮花裝飾於髮型外觀

( ) 15. 在隋唐五代時期以未婚女子流行梳「雙鬟」髮型。

( ) 16. 清代的髮型主要配合當時講究曲線與秀麗的服飾相呼應，所以在女性髮型的梳理上主要有高髻、包髻。

( ) 17. 明代的婦女髮型流行有雙螺髻、杜韋娘髻。

( ) 18. 漢代流行的髮型有牡丹頭、荷花頭、鉢盂頭，皆是同一類型的髮型，髮髻形式高聳壯大，相當盛行。

( ) 19. 哥德風格以高聳尖塔銳角三角形的輪廓為特色，女性髮型以前額高禿、妹妹頭瀏海設計。

( ) 20. 十七世紀的歐洲盛行「巴洛克藝術」。

( ) 21. 義大利語：Barocco，英語為：Baroque，原意為「變形的鑽石」，巴洛克藝術風格是矯飾藝術的主要代表，髮型以長捲髮進行設計。

( ) 22. 巴洛克時期男性也流行起載長捲型假髮，並搭配有鴕鳥羽毛的大寬邊帽。

( ) 23. 相較巴洛克矯飾藝術，洛可可更加誇張與奢華、亮麗。

( ) 24. 「洛可可造型」法語為：Rocaille，英語為：Rococo，發源於法國的藝術風格，強調 C 形、S 型螺旋狀線條。

( ) 25. 法國大革命後，男性大多載假髮並中分設計，初期是膨鬆長捲逐漸變圓弧狀，在中後期假髮以兩邊捲曲，後部馬尾、辮子，最後綁上蝴蝶結裝飾

二、選擇題

（　　）1. 夏、商、周、春秋、戰國時期盛行在頭頂或腦後盤成各種形狀的編梳設計，稱為：（A）髻　（B）包包　（C）髮包　（D）盤。

（　　）2. 戰國時期的玉雕像古物可看出何種髮型的形式：（A）立髻　（B）垂髻　（C）盤髻　（D）編髻。

（　　）3. 將頭髮梳理於後部，並於髮尾處盤繞打成銀錠狀，置於肩背間的垂髻稱為：（A）盤桓髻　（B）百合髻　（C）迎春髻　（D）垂雲髻。

（　　）4. 在秦代貴族女性最為盛行的髮型是：（A）芙蓉髻　（B）涵煙髻　（C）九鬟仙髻　（D）纈子髻。

（　　）5. 漢代最為盛行一時的髮型首推：（A）墮馬髻　（B）百合髻　（C）同心髻　（D）靈蛇髻。

（　　）6. 哪一個朝代的髮型多以誇張架高、線條往外延伸：（A）　（B）魏晉南北朝　（C）　（D）。

（　　）7. 魏晉南北朝的哪一個髮型最為盛名（A）芙蓉髻　（B）涵煙髻　（C）靈蛇髻　（D）纈子髻。

（　　）8. 為了增加高髻的高度，在髮型內部或外部裝飾取下他人的髮束，稱之為：（A）髮　（B）髮棉　（C）髮絲　（D）髮包。

（　　）9. 高髻的髮髻高度以幾寸左右（A）五、六寸　（B）六、七寸　（C）七、八寸　（D）九、十寸。

（　　）10. 以絹、帛等輕柔材質的包覆於髻形外觀稱為：（A）帛髻　（B）高髻　（C）絹髻　（D）包髻。

（　　）11. 元代的婦女髮型流行：（A）百花髻　（B）鳳髻　（C）龍盤髻　（D）靈蛇髻。

（　　）12. 盛行於江浙一帶，髮髻分左右高聳於頭頂兩側，實心形狀似海螺殼外觀堆砌而成稱為：（A）螺髻　（B）螺紋髻　（C）雙螺髻　（D）田螺髻。

（　　）13. 哪一個朝代高髻式髮型逐漸消失：（A）唐代　（B）漢代　（C）秦代　（D）清代末年。

（　　）14. 中古時期至十六世紀的風格流行（A）哥德風格　（B）洛可可　（C）巴洛克　（D）復興主義。

（　　）15. 以高聳尖塔銳角三角形的輪廓為特色，女性髮型以前額高禿、無瀏海設計，且髮束多半綁緊包頭於頭頂部，稱為：（A）哥德風格　（B）洛可可　（C）巴洛克　（D）復興主義。

（　　）16. 女性髮型高聳寬大，甚至高度超越高過一個頭部的距離，髮型以大量填充物、假髮，表面加以複雜編髮、空心捲設計，最後再裝飾大量繁複、華麗的髮飾稱為：（A）哥德風格　（B）洛可可　（C）巴洛克　（D）復興主義。

（　　）17. 哪個時期稱為「新古典主義」，英語為：Neo-classicism，（A）文藝復興　（B）洛可可　（C）法國大革命之前　（D）法國大革命之後。

（　　）18. 哪一年 性視短髮為新時尚：（A）1798　（B）1987　（C）1799　（D）1986。

（　　）19. 配戴樸素的麥梗帽是哪一個時期的流行：（A）法國大革命之後　（B）法國大革命之前　（C）巴洛克　（D）洛可可。

（　　）20. 哪一年代歐洲 性再 回 17 世紀華 、矯飾的審美觀：（A）1870 年　（B）1860 年　（C）1820　（D）1850 年。

三、問答題

一、中國歷代髮型的梳整方式，基本有哪七種？

二、中國歷代髮型的呈現方式分為哪六種？

Chapter

Ch3

基本髮基
與刮髮技術

基本髮基

　　髮基又名「底盤」或「髮型立足點」，為編髮設計之入門知能，主要用途為髮型編梳之基底，可作為分區與刮髮之前置作業，依不同設計需求而應用不同的髮基，一般而言髮基的形式有：圓形、三角形、方形、梯形、長方形。

圓形髮基

　　依頭部使用部位、髮型設計之不同，使用不同大小的圓形髮基進行編梳。一般而言圓形髮基較常出現於頂部點、黃金點或後部點的部位，主要是呈現圓形外輪廓邊緣的髮型。

圓形髮基

三角形髮基

　　是長髮髮型編梳最常使用的髮基型式之一，較常見的有等正三角形、倒三角形、左傾式三角形、右傾式三角形，通常三角形髮基多見於耳點與前側點（左、右）之三角形區域，以及黃金點、頂部點、後部點。

三角形髮基

正方形髮基

　　通常是梳理較大面積的髮束所使用的髮基型式，對於較長的髮束以及較多的髮量，可以方形髮基進行基底操作，方形髮基較常應用於頂部點、黃金點、後部點等區域。

正方形髮基

T形髮基

梯形髮基

　　應用於髮量多且長的情形，較常使用於頂部點與黃金點之間，製作髮型寬度與蓬度上下不同的設計感。

長方形髮基

通常應用於梳理細長的髮型基底，髮基有直立型長方形與橫向式長方形，以展現髮束集中與狹長的設計感。

長方形髮基

刮髮技術

刮髮原理

利用刮梳以逆梳的方式，將髮片由髮尾處向髮根處梳理，髮片的底盤寬度大約是 3cm×6cm 左右，配合刮髮方向、角度的不同，以及刮髮使用量的不同，與刮髮的緊密度與鬆緊度不同，可以表現不同的髮型外觀輪廓造型。然而不同髮質的逆刮髮有不同的處理方式，通常細軟、捲曲的髮質比較容易進行逆刮髮，粗硬、直髮質比較不易進行逆刮髮，必須先使用電熱捲或玉米鬚夾加以塑形再進行逆刮髮。一般刮髮原理有下列：

1. **改善髮流方向**：透過刮髮技術將髮根方向予以改變，所以刮髮能改善髮流方向，例如：較服貼的指推波 S 線條髮流，即是運用逆梳角度低於 60 度以下的逆刮改變髮片結構，再將髮片表面梳亮，並以玫瑰夾固定波紋方向，最後以髮膠類固定。

2. **增加高度與蓬鬆度**：為了增加髮型外觀輪廓的高度與蓬鬆度，視需要的效果進行適度的逆刮，可以讓髮束產生蓬鬆度便於造型。

3. **表現髮型外觀輪廓造型**：逆刮髮的式式除了可以讓髮束蓬鬆增加高度與寬度，也可依需要在外輪廓部位製造弧形或角度。

4. **空氣感造型用**：逆刮髮束可以營造空氣感視覺效果，一般而言應用於包頭的髮尾，以及短髮造型。

5. **增加髮片表面的亮澤感與整齊度**：將髮根與髮中適度加以逆刮髮，讓髮絲能糾結集中，可以增加髮片表面的亮澤感與整齊度。

6. **增加髮量**：髮量稀疏較不易梳理蓬鬆髮型，透過適度的逆刮髮增加髮量，營造髮量豐盈的視覺效果。

刮髮角度

　　刮髮的角度會影響髮型的輪廓造型，通常刮髮角度愈大，例如：90°～180°，髮片蓬鬆程度愈明顯；倘若刮髮角度越小，例如：90°以內，髮片蓬鬆度越低，所以刮髮的角度主要配合作品的需求與應用。

刮髮應用

刮髮角度 180°的操作圖

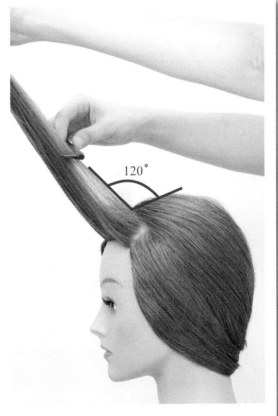

刮髮角度 120°的操作圖

刮髮角度 90° 的操作圖

刮髮角度 60° 的操作圖

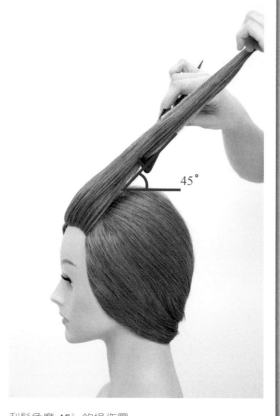

刮髮角度 45° 的操作圖

　　刮髮的髮量蓬度要呈現如海綿般的柔軟,且刮髮的密度是有漸層的感覺,亦即靠近髮根處是緊實,而靠近髮尾處是蓬鬆與彈性,所以刮髮的技術可按下列要點進行操作:

1 　手持髮片往上拉緊,髮片底盤寬度大約 3cm×6cm 左右。

2 　刮梳與髮片成 90° 進行刮髮。

3 　在髮片的中段部份,以刮梳之長中短齒進行逆刮髮量。

4 　將逆刮的髮量向下壓至髮根處,下壓髮量可分成三段,力道如下:

（1） 靠近髮根處的刮髮密度盡量保持壓緊,所以刮髮力道稍大,使其穩固刮髮的力道。

（2） 靠近髮中處的刮髮密度保持適中,所以刮髮力道適中,增加髮中處的蓬鬆與彈性。

（3） 靠近髮尾處的刮髮密度要維持柔軟感與彈性,所以刮髮力道要輕,增加髮片外觀的亮澤感。

　　在大面積的刮髮操作,通常以疊磚的方式進行髮片底盤連接,每一髮片應重疊前一髮片面積的三分之一為主,且每一束髮片必須緊密相連接,才能集中髮片的量感與緊實度。

1　底盤以疊磚的方式分佈，刮完後每一束髮片都緊密相連接。

2　將刮髮表面梳亮梳順。

3　以夾子進行固定即完成。

自我評量

一、是非題

（　　）1. 髮基又名「底盤」或「髮型立足點」。

（　　）2. 圓形髮基較常出現於前中心點。

（　　）3. 三角形髮基是短髮最常使用的髮基型式。

（　　）4. 髮基的形式有：圓形、三角形、方形、梯形、長方形。

（　　）5. 長方形髮基通常應用於梳理寬大的髮型基底

（　　）6. 梯形髮基應用於髮量多且長的情形。

（　　）7. 利用刮梳將髮片由髮根處向髮尾處梳理稱刮髮。

（　　）8. 配合刮髮方向、角度的不同，以及刮髮使用量的不同，可以表現不同的髮型外觀輪廓造型。

（　　）9. 通常細軟、捲曲的髮質比較不容易進行逆刮髮

（　　）10. 為了增加髮型外觀輪廓的高度與蓬鬆度，視需要的效果進行適度的逆刮髮，可以讓髮束產生蓬鬆度便於造型。

（　　）11. 靠近髮根處的刮髮密度盡量保持壓緊，所以刮髮力道稍大，使其穩固刮髮的力道。

（　　）12. 刮髮中使用疊磚的方式，每一髮片應重疊前一髮片面積的四分之一為主。

（　　）13. 將髮根與髮中適度加以逆刮髮，讓髮絲能糾結集中，可以增加髮片表面的亮澤感與整齊度。

（　　）14. 逆刮髮的式式除了可以讓髮束蓬鬆增加高度與寬度，也可依需要在外輪廓部位製造弧形或角度。

（　　）15. 刮髮角度愈大，髮片蓬鬆程度愈明顯。

二、選擇題

（　　）1. 主要用途為髮型編梳之基底稱為　（A）髮根　（B）髮結　（C）髮基　（D）髮座。

（　　）2. 梳理較大面積的髮束所使用的髮基型式為　（A）方形髮基　（B）長方形髮基　（C）圓形髮基　（D）菱形髮基。

（　　）3. 展現髮束集中與狹長的設計感可用何種髮基　（A）圓形髮基　（B）方形髮基　（C）菱形髮基　（D）長方形髮基。

（　　）4. 髮片的底盤寬度大約是幾公分　（A）5cm×6cm　（B）2cm×3cm　（C）3cm×6cm　（D）7cm×10cm。

（　　）5. 較服貼的指推波 S 線條髮流，即是運用逆梳角度低於幾度改變髮片結構（A）120 度以上　（B）60 度以下　（C）90 度以下　（D）180 度以上。

（　　）6. 刮髮的角度會影響髮型的輪廓造型，通常刮髮角度越大髮型會如何改變　（A）越亂　（B）越緊　（C）越蓬鬆　（D）越矮。

（　　）7. 刮髮的密度是有漸層的感覺，亦即靠近髮根處的情形為　（A）鬆散　（B）蓬鬆　（C）緊實　（D）不刮。

（　）8. 刮梳與髮片成幾度角進行刮髮　（A）90°　（B）60°　（C）120°　（D）180°。

（　）9. 在大面積的刮髮操作，通常以何種的方式進行髮片底盤連接（A）方塊　（B）疊磚　（C）三角形　（D）原形。

（　）10. 靠近髮尾處的刮髮密度要維持柔軟感與彈性，所以刮髮力道要如何　（A）重　（B）適中　（C）極重　（D）輕。

三、問答題

一、髮基的形式有哪些？

二、一般刮髮原理有哪六點？

三、逆刮的髮量向下壓至髮根處，下壓髮量可分成三段力道，分別為何？

Chapter

Ch4

毛夾與 U 型
髮夾固定

髮型編梳與實務

在髮型編梳技術中使用的小型髮夾有毛夾與 U 型髮夾，在髮型編梳賦予固定髮絲、支撐用途、按壓髮片的功能，其中毛夾與 U 型髮夾又可再加以細分如下：

不銹鋼毛夾

為白鐵色不銹鋼材質、雙面平滑的小型髮夾，版面較黑色毛夾略寬，雖然材質防鏽，但缺點是外觀色澤較明顯，因東方人髮色多以深色為主。

大 U 型夾

應用於固定較多的髮量時使用。

黑色毛夾

表面漆上黑色底漆，版面寬度約為 0.2cm 以內，雙面平滑的小型髮夾，是髮型編梳最常使用於固定髮束或髮片的髮夾。

中 U 型夾

應用於固定較少的髮量時使用。

美式毛夾

類似黑色毛夾的外觀，但版面寬度約為 0.1cm 左右，一邊有波紋狀，能固定髮束使其不易鬆動，但髮夾夾住髮束的力道仍以黑色毛夾較佳。

小 U 型夾

應用於固定表面稀疏髮量時使用。

髮型編梳固定髮夾的方式可大致區分為：交叉式、水平式、十字形、縫針式，造型者可依編梳需要使用合適的固定方式，讓髮型能兼具美觀性與穩定度，以下將髮夾固定的方式加以圖解：

交叉式

運用髮夾的連續交叉的排列，穩定髮束使其不易變形，是所有固定方式中最為堅固的方式，可固定較大面積髮量。

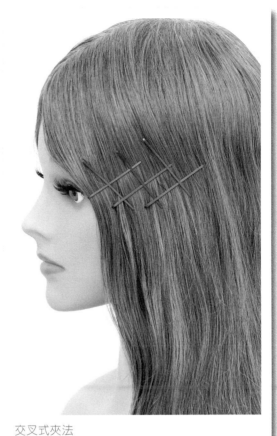

交叉式夾法

水平式

又可稱為「連夾法」，以連續重疊方式將髮夾整齊排列於固定線上，髮夾與髮束成 90°，髮夾夾面緊靠頭皮，讓髮根處髮絲能緊密固定於髮夾，通常應用於髮型局部區域。

水平式夾法

十字形

通常應用於髮束單股扭轉後，將第一支髮夾
順著髮流反向順著頭皮固定，第二支髮夾與第一
支髮夾呈 90°固定之，使其呈現十字形式，能
維持第一支髮夾的穩定度，以及保持髮型外觀的
平整度。

十字形夾法

縫針式

又名「潛針式」或「藏針式」固定法，依造型
需要使髮夾不外露，維持髮型外觀的亮麗與穩固。
一般在髮型編梳時，多半使用 U 型夾進行操作，
以逆髮流方式將髮夾反向夾住底層部份髮量，約
0.2cm～0.5cm 左右厚度的髮絲，緊貼頭皮固定，
使髮絲藉由髮夾力道穩固髮束。

縫針式夾法

自我評量

一、是非題

（　　）1. 在髮型編梳技術中使用的小型髮夾有：毛夾與 U 型髮夾。

（　　）2. 不銹鋼毛夾為白鐵色不銹鋼材質、雙面平滑的小型髮夾，版面較黑色毛夾略寬。

（　　）3. 美式毛夾為雙面平滑。

（　　）4. 在髮型編梳賦予固定髮絲、支撐用途、按壓髮片的功能。

（　　）5. 應用於固定較多的髮量時使用大 U 型夾。

（　　）6. 應用於固定表面稀疏髮量時使用毛夾，比較能使毛夾不外露。

（　　）7. 是所有固定方式中最為堅固的方式，可固定較大面積髮量，稱之為水平式。

（　　）8. 髮型編梳固定髮夾的方式可大致區的為：交叉式、水平式、十字形、縫針式。

（　　）9. 縫針式夾法又名「潛針式」或「藏針式」固定法。

（　　）10. 操作十字形夾法時，第一支髮夾需順著髮流正向順著頭皮固定。

二、選擇題

（　　）1. 水平式髮夾固定法又稱為（A）夾心法　（B）連續法　（C）潛針式　（D）連夾法。

（　　）2. 水平式固定法的髮夾與髮束成幾度角　（A）180°　（B）60°　（C）120°　（D）90°。

（　　）3. 水平式固定於髮夾，通常應用於髮型的何處　（A）大面積　（B）隱藏區域　（C）局部區域　（D）任何區域。

（　　）4. 縫針式固定髮流，通常是何種髮流　（A）順髮流　（B）任何髮流皆可　（C）逆髮流　（D）與髮絲呈 90°角。

（　　）5. 縫針式固定髮絲的厚度，通常以多少左右較佳　（A）3 cm 左右　（B）0.2cm 左右　（C）5cm 左右　（D）10cm 左右。

（　　）6. 縫針式固定髮流時，多半使用何種髮夾？　（A）不鏽鋼毛夾　（B）玫瑰夾　（C）黑色毛夾　（D）U 型夾。

（　　）7. 關於十字形固定，何者有誤？　（A）通常應用於髮束單股扭轉後　（B）第二支髮夾與第一支髮夾呈 90°固定之　（C）是所有固定方式中最為堅固的方式　（D）第一支髮夾順著髮流反向順著頭皮固定。

（　　）8. 關於髮夾的敘述，下列何者有誤？　（A）不銹鋼毛夾較不適合東方人　（B）美式毛夾固定的力道較黑色毛夾　（C）大 U 型夾應用於固定較多的髮量時使用　（D）大 U 型夾應用於固定較稀疏的髮量時使用。

（　　）9. 關於髮夾的敘述，下列何者有誤？　（A）黑色毛夾一邊有波紋　（B）黑色毛夾版面寬度約為 0.2cm 以內　（C）美式毛夾版面寬度約為 0.1cm 左右　（D）不鏽鋼毛夾版面較黑色毛夾略寬。

（　　）10. 以逆髮流方式將髮夾反向夾住底層部份髮量，約 0.2cm ～ 0.5cm 左右厚度的髮絲，緊貼頭皮固定的是？　（A）縫針式　（B）十字形　（C）水平式　（D）交叉式。

三、問答題

一、毛夾與 U 型髮夾又可再加以細分為何？

二、固定髮夾的方式有哪些？

Chapter

Ch5

假髮單元

假髮概述

　　人類使用假髮的歷史悠久，透過歷史文物與資料即可發現東西方國家皆有盛行假髮的時期。例如位於朝鮮半島的韓國在高麗王朝開始盛行戴假髻；古埃及人在四千多年前就開始配戴假髮，是世界上最早使用假髮的民族，假髮型式主要有捲曲和辮子兩種。

　　古羅馬人認為禿頭是上天的懲罰，頭髮稀疏或禿頭會受到許多不平等待遇，因此禿頭人士紛紛戴上假髮遮掩，使假髮獲得普及。羅馬帝國衰亡後，假髮一度被天主教視為魔鬼的象徵，後來因王室喜愛而復興；比如法國國王路易十三為了遮蓋頭上的傷疤而戴假髮，成為十七世紀男性戴羅馬式假髮的先鋒，而英國女王伊莉莎白一世則喜好配戴紅色假髮。在現代，英國和大部份英聯邦國家，白色假髮是大律師和法官在法庭的主要服飾之一。

　　假髮也出現在各種形式的藝術表演，例如中國的戲曲旦角使用的假髮稱為「片子」，配戴前先將真髮束起，再使用髮膠類用具將片子梳平，包覆束起的真髮。瀏海部位的片子邊緣呈現波浪狀，臉頰兩側的鬢角處則貼上尾端尖削葉片狀的片子，將臉型修飾成瓜子臉，梳好後於假髮裝飾鈿、簪、釵、珠花、頂花、步搖等頭飾，亦或配戴其他假髻，通常為高髻的形式。

　　日本傳統歌舞伎所用的假髮樣式也是相當多元，男性與女性角色使用的假髮最重可達 5 公斤以上，較輕的也有 2 公斤左右。演員配戴假髮前會戴上白帽將真髮包覆住，且假髮的種類與使用也是根據不同角色的性別、年齡、身份、性格、職業等等挑選。常見的日本歌舞伎假髮有：「車鬢」是英雄、武士角色所用；「亂髮」為飾演威武、陽剛的角色；「吹輪」是貴族婦女角色用的假髮，為大髮髻型式插上花、梳等飾物；「王子」的假髮型式為後垂長髮，是飾演公家反派類的角色；「燕手」也常用於反派角色，因為額部兩端的髮向外飛出，猶如燕子翅膀之姿態。

　　隨著假髮產品推陳出新，不論是演藝活動或整體造型需求，假髮能適度輔助真髮讓造型更加出色，所以在許多場合皆能使用假髮進行造型設計，例如：綜藝秀展、造型走秀、演唱表演、專輯造型、化妝舞會、角色伴演、整體造型等各方面的需求，假髮在造型設計領域有無限的發揮空間。

古埃及法老圖特摩斯三世的妃嬪所用之假髮

路易十三是十七世紀男性戴羅馬式假髮的先鋒

日本歌舞伎的假髮樣式：吹輪

假髮介紹

　　假髮除了可以作爲造型與美化的目的，也可以改善髮量不足的困擾，且材質、色澤、款式可以恣意挑選，以下將介紹假髮的材質與假髮的種類：

常見的假髮材質

　　假髮的材料很多，不同的時代、地區會用不同的材料。古代除眞髮外，也常用馬毛、羊毛等動物毛髮或植物纖維製作假髮，而現代常見的假髮材質如下表：

真髮	直接取自人類真髮材質，經過特殊消毒和染色加工處理，真髮材質觸感佳、耐高溫、具良好可塑性，可以直接進行燙髮、染髮、吹整等美化造型，重覆使用；但由於取材不易，不似其他合成與塑膠材質較易製造，加上清潔與維護等問題，真髮所製成的假髮往往價位昂貴。
智慧高溫記憶絲	利用新穎科技高分子技術，將假髮髮絲結構藉著反射波長技術製造出接近真髮自然色澤，兼具柔軟彈性及超強韌性。智慧高溫記憶髮絲的彈性更優於真髮材質，髮型不易變型，具耐日照和維持髮色保有不易褪色的特性；而內部堅固的結晶構造，可耐高溫 180°～200°，加上抗水性極高方便清洗，洗髮後髮絲不易糾結，是現代假髮技術的前鋒。
人造髮	以高科技人造髮絲製造出接近真人髮質的假髮，具有彈性與柔軟的特性，髮絲不易糾結容易梳整。此外人造髮具備耐高溫的特性，也可用於吹整、染燙，因價格較便宜，往往常被使用於練習剪髮、吹整、燙染用途。
人造絲	又稱為尼龍絲材質，以塑膠合成纖維原料加工製造，通常價格較低廉，具有鮮豔繽紛的亮麗色彩，但因人造絲材質的假髮觸感較粗糙，材質也不耐高溫，假髮配戴後感覺不透氣，假髮髮絲較脆弱又容易打結，所以不可以燙髮、吹整。
PP 合成纖維	化學學名為「聚丙烯」，應用於廉價假髮材質，髮絲具有極佳的亮澤感，常作為木偶、芭比娃娃、衣架模特兒、陶瓷娃娃的假髮材質。

　　除材質有所不同外，現代假髮的款式多元，不僅是整頂戴在頭上變換髮型，也能與眞髮結合增加髮量或延長髮長，讓髮型能不受限於髮長、髮量，有更豐富的變化。

常見假髮的款式

全頂式假髮

一頂全頂式假髮大約有 3~4 萬根髮絲，在配戴全頂式假髮前應先將真髮紮起，接著戴上髮網，最後再戴上全頂式假髮，並且將假髮上的鬆緊帶與扣環穩固扣起，必要時也要使用毛夾將假髮邊際與真髮緊實夾住。

髮棉

通常為壓克力塑膠合成材質，放置於頭皮髮基的部位，以毛夾固定於髮基後，外表再覆蓋上真髮，能增加髮型編梳的髮量展現蓬大的效果。

半頂式假髮

通常半頂式假髮髮流沒有分線，也沒有瀏海設計，僅有半個頭部的髮量，所以適合本身有瀏海者使用。配戴後可使用髮箍或是緞帶類髮飾遮蓋接合處，半頂式假髮內面邊緣有數個髮叉，能固定假髮於真髮上。

髮條

因捲曲的外觀又稱為「毛毛蟲」，分軟式與硬式，軟式僅有彈性的垂墜感，而硬式在捲曲假髮內部包覆鐵絲，兩者皆可以輔助盤髮的美化，以及增加髮型編梳展現捲曲的髮流線條。

髮片

髮片固定處有數個髮叉設計，往往配戴於後頭部真髮的內層，外部保留原本的真髮，呈現比全頂式與半頂式假髮更自然的輕柔感。相較於接髮技術更方便操作，能延長原本真髮的髮長，以及依需要選擇捲曲的電棒波紋。選購時需注意慎選髮色必須與真髮接近，真髮本身在後頭部最好能有打薄層次感，如此配戴髮片才顯現自然。

辮子假髮

假髮編織的假辮子，可恣意纏繞配戴於髮型表面，增加髮型美觀。

瀏海假髮

可依造型需求，將瀏海設計成中分、側分、不分線等型式。

假髮保養與清潔

　　假髮配戴後皆會受到汗水、油脂、灰塵等髒污影響產生衛生問題，所以假髮需要定期清潔，或使用梳具清理表面的灰塵。一般假髮清潔可分爲水洗與乾洗兩種方式：

假髮水洗

1 清洗前先將適量潤絲精或假髮清潔液調和於清水中，將假髮浸泡 5 至 10 分鐘後輕輕漂洗。

2 用關刀梳將假髮表面的污垢清除，注意不可用力扭搓，以免破壞假髮原本的髮流設計。

3 清洗後以乾毛巾輕輕按壓，吸乾假髮水份。

4 將假髮固定於假髮專用架上，以寬版梳具整理，並放置陰涼處陰乾，注意不能日曬或使用吹風機吹乾。

假髮乾洗

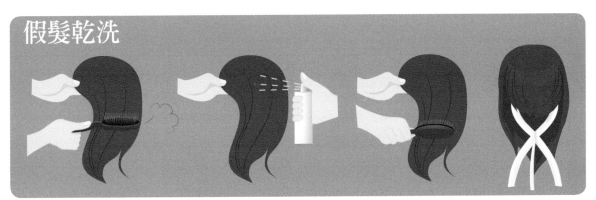

1 以鬃刷將假髮表面的灰塵刷去。

2 再使用假髮專用的乾性清潔劑（順髮液）均勻噴在假髮髮絲上。

3 以鬃刷輕輕順著毛流將假髮刷順。

4 待清潔完畢後將假髮放置於假髮固定架上，以避免假髮變型。

　　清潔後的假髮應塗抹或噴灑適量髮油，保持假髮表面的亮澤感，此外，長期不用的假髮必須擺放至放納盒，或固定於假髮專用架上，並使用塑料套或密封袋加以保存，維持假髮乾淨與衛生。

自我評量

一、是非題

( )1. 古埃及人在八千多年前就開始配戴假髮。

( )2. 假髮是新時代的產物，古代沒有假髮。

( )3. 古埃及的假髮型式主要有捲曲和辮子兩種。

( )4. 中國的戲曲旦角使用的假髮配戴前先將真髮束起，並在頭部配戴假髮，梳好後於假髮裝飾鈿、簪、釵、珠花、頂花、步搖等頭飾。

( )5. 英國女王伊莉莎伯一世向來喜好配戴黑色假髮。

( )6. 隨著假髮產品推陳出新，不論是演藝活動或整體造型需求，假髮能適度輔助真髮讓造型更加出色。

( )7. 法國國王路易十七為了遮蓋頭上的傷疤而戴假髮，成為十七世紀男性戴羅馬式假髮的先鋒。

( )8. 日本傳統歌舞伎所用的假髮樣式也是相當多元，男性與女性角色使用的假髮最重可達 5 公斤以上，較輕的也有 2 公斤左右。

( )9. 常見的日本歌舞伎假髮有：「車鬢」是車夫角色所用。

( )10.「亂髮」為飾演判亂的反派角色。

二、選擇題

( )1. 中國的戲曲旦角使用的假髮稱為　(A)葉了　(B)片了　(C)眉了　(D)旦了。

( )2. 日本歌舞伎假髮飾演貴族婦女角色專用，為大髮髻型式插上花、梳等飾物，稱為　(A)王子　(B)吹簫　(C)顯達　(D)吹輪。

( )3. 日本歌舞伎假髮飾演反派角色，稱為　(A)燕手　(B)高手　(C)反手　(D)亂手。

( )4. 直接取自人類真髮材質，經過特殊消毒和染色加工處哩，真髮材質觸感佳、耐高溫、具良好可塑性，稱為　(A)人造髮材質　(B)尼龍材質　(C)真髮材質　(D)智慧高溫記憶絲材質。

( )5. 高溫記憶絲材質可耐高溫幾度　(A)120°～130°　(B)140°～150°　(C)160°～170°　(D)180°～200°。

( )6. 往往常被使用於練習剪髮、吹整、燙染用途，稱為　(A)PP 合成纖維材質　(B)真髮材質　(C)高溫記憶絲材質　(D)人造髮材質。

（　　）7. 化學學名為「聚丙烯」，稱為　（A）尼龍材質　（B）PP 合成纖維材質　（C）高溫記憶絲材質　（D）人造髮材質。

（　　）8. 常作為木偶、芭比娃娃、衣架模特兒、陶瓷娃娃的假髮材質為　（A）高溫記憶絲材質　（B）人造髮材質　（C）尼龍材質　（D）PP 合成纖維材質。

（　　）9. 一頂全頂式假髮大約有幾根髮絲　（A）3~4 萬　（B）1~2 萬　（C）7~10 萬　（D）5~8 萬。

（　　）10. 通常為壓克力塑膠合成材質，放置於頭皮髮基的部位，以毛夾固定於髮基後，外表再覆蓋上真髮，能增加髮型編梳的髮量展現蓬大的效果，稱為　（A）髮條　（B）髮棉　（C）髮片　（D）假髮。

（　　）11. 因捲曲的外觀又稱為「毛毛蟲」，稱為：（A）髮條　（B）髮棉　（C）髮片　（D）假髮。

（　　）12. 清洗假髮前先將適量潤絲精或假髮清潔液調和於清水中，並將假髮浸泡幾分鐘後輕輕漂洗　（A）5 至 10 分鐘　（B）30 至 40 分鐘　（C）50 至 60 分鐘　（D）20 至 30 分鐘。

（　　）13. 何者認為禿頭是上天的懲罰？（A）古羅馬人　（B）古埃及人　（C）古日本人　（D）古希臘人。

（　　）14. 下列關於假髮的敘述，何者有誤？（A）假髮編織的假辮子，又稱「毛毛蟲」　（B）髮條分軟式與硬式，軟式僅有彈性的垂墜感　（C）髮棉能增加髮型編梳的髮量展現蓬大的效果　（D）配戴全頂式假髮前應先將真髮紮起，接著戴上髮網，最後再戴上全頂式假髮。

（　　）15. 下列關於假髮清潔的敘述，何者有誤？（A）不論是假髮水洗或乾洗，清潔時都需以刷具刷去汙垢　（B）假髮清潔後，可用吹風機調整微弱風量吹乾，避免假髮發霉　（C）清洗假髮時不可用力扭搓　（D）假髮需放置陰涼處陰乾，不可日曬。

三、問答題

一、常見的假髮材質有哪些？

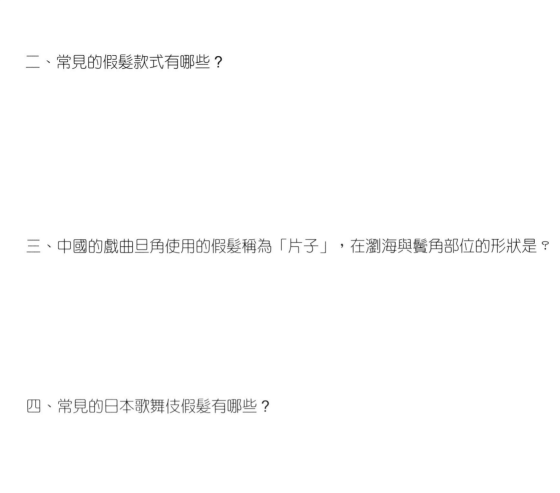

二、常見的假髮款式有哪些？

三、中國的戲曲旦角使用的假髮稱為「片子」，在瀏海與鬢角部位的形狀是？

四、常見的日本歌舞伎假髮有哪些？

五、假髮的乾洗方式為何？

Chapter

Ch6
編髮技術

單股編

1 　將髮片整束以單一方向（左）進行扭轉，毛夾以逆髮流方向沿著髮根將夾入。注意毛夾夾住的髮量不可過厚，否則毛夾張力受影響反而夾不緊毛髮。

2 　另一髮束亦做單股編，髮流方向往另一方向（右）進行扭轉，毛夾亦以逆髮流方向沿著髮根將夾入，毛夾夾入髮根後即隱藏不會外露。

3 　完成單股編。

4 　完成之單股編，毛夾已隱藏。

雙股編

雙股正編

1 　取兩束髮朝同一方向扭轉。

2 　當髮束扭轉方向為往右時，則取右邊髮束，疊繞在左邊髮束上方。

3 　重複疊繞，形成具麻花效果之雙股編。

雙股反編

1 承前取二髮束皆向右扭
轉，改為將左邊髮束，疊
繞在右邊髮束上方，則兩
束髮量結合後，不會呈現
麻花效果。

2 形成無麻花效果
之雙股編。

雙股正編單側加一編

1　取兩束髮，髮流扭轉方向一致。

2　若髮束扭轉方向全往右，則將最右邊之髮束1疊在髮束2之上，同時由側面拉一髮束3併入髮束2。注意兩髮束結合時髮流扭轉方向一致。

3　循序做雙股正編，每次重疊髮束時皆以單側加編的方式進行操作。

4　完成之雙股正編單側加一編，髮流呈現連續的麻花效果，且加髮片之一側呈現平整感。

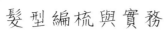
雙股反編單側加一編

1 兩束髮流扭轉方向一致。

2 當髮束扭轉方向全往右,將最左邊之髮束 2 疊在髮束 1 之上,同時由側面拉一髮束 3 併入髮束 2,注意兩髮束結合時髮流扭轉方向一致。

3 循序做雙股反編,以單側加編的方式進行操作。

4 以雙股反編連續疊繞呈現無痲花的紋路效果。

5 雙股反編單側加一編,能呈現明顯連續單一扭轉的髮流效果,且加髮片之一側呈現平整感。

雙股正編雙側加一編

1　取兩束髮量以相同方向扭轉。

2　當髮流方向全往右扭轉時，將最右方之髮束 1 疊在髮束 2 之上，同時由側面拉一髮束 3 併入髮束 2，兩髮束整併後扭轉方向一致往右。

3　髮束 1 亦合併左側外加之髮束 4，兩髮束整併後扭轉方向一致往右。

4　重複步驟 1～3，持續進行雙股正編雙側加一編，務必將髮束扭轉整齊，呈現髮片表面平整、亮澤。

5　兩髮束交叉左右併入之髮量，與扭轉方向一定要保持一致。

6　完成雙股正編雙側加一編。

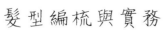
雙股反編雙側加一編

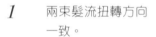

1　兩束髮流扭轉方向一致。

2　當髮流方向全往右扭轉時，將最左方之髮束 2 疊在髮束 1 之上，同時由側面拉一髮束 3 併入髮束 2，兩髮束整併後扭轉方向一致往右。

3　由左側拉一髮束 4 併入髮束 1，兩髮束整併後扭轉方向一致往右。

4　重複步驟 1 ～ 3 做雙側加一編。

5　注意髮束扭轉方向一致，且髮束表面整齊、亮澤。

6　完成雙股反編雙側加一編。

魚股編

1　將髮量均等分成兩等份起編，右方髮束 1 疊在左方髮束 2 之上。

2　左側併入少量髮束 3，與髮束 2 結合。

3　右側併入少量髮束 4，與髮束 1 結合。

4　依序左、右髮束整併入交叉之編髮，呈現魚骨編效果，重複步驟 1 ～ 3。

5　魚骨編髮之髮束表面，務必髮流整齊、亮澤，始能呈現清晰之魚骨編紋路。

6　魚骨編完成。

三股編

三股正編

1　　將髮量均等分成三等份。

2　　由最右邊之髮束 1 開始往上堆疊在
　　　髮束 2 上方。

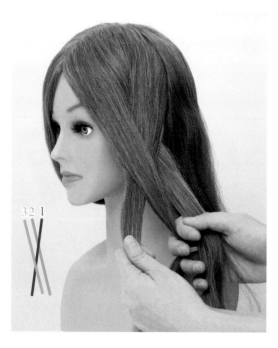

3　　再將最左邊髮束 3 往上堆疊在髮束
　　　1 上方。

4　　重複步驟 1~3 進行三股正編編髮,
　　　形成正 V 編髮紋路。

三股反編

1　將髮量均等分成三等份。

2　由最右邊之髮束 1 開始往下堆疊，
　　置於髮束 2 之下方。

3　再將最左邊髮束 3 往下堆疊，置於
　　髮束 1 之下方。

4　重複步驟 1~3 進行三股反編編髮，
　　形成倒 V 型編髮紋路。

三股正編單側加一編

1 將髮量均等分成三等份。

2 以最右邊髮束1，往上覆蓋髮束2。

3 最左邊髮束3，往上覆蓋髮束1。

4 加入髮束4與2結合後，以髮束1+3+（2+4）繼續進行三股正編。

5 重覆步驟1～4，進行三股正編加一編髮式。

6 三股正編加一編完成，編髮上緣之髮流平整，編織處有明顯橫向之紋路。

三股反編單側加一編

1 　將髮量均等分成三等份。

2 　最右邊之髮束1往下疊。

3 　將最左邊之髮束3依序往下疊，形成交織情形。

4 　加入髮束4與2結合。

5 　重覆步驟1～4，以髮束1+3+（2+4）繼續進行三股反編單側加一編。

6 　三股反編單側加一編完成，編髮紋路呈現倒V。

三股正編雙側加一編

1 　將髮束均等分成三等份。

2 　右側髮束 1 疊在髮束 2 之上，呈現交叉情形。

3 　將髮束 3 疊在髮束 1 之上。

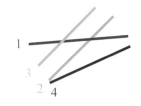

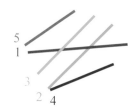

4 　髮束 2 合併外加之右側髮束 4。

5 　兩髮束合併後務必保持髮流一致整齊。

6 　髮束 1 合併外加之左側髮束 5。

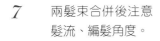

7 　兩髮束合併後注意
　　髮流、編髮角度。

8 　重複步驟 2～7，
　　持續做三股正編雙
　　側加一編。

9 　編髮完成，髮流呈
　　現 V 型。

三股反編雙側加一編

1 　將髮束均等分成三等份。

2 　右側髮束2疊在髮束1之上，呈現交叉情形。

3 　將髮束3置於髮束1之下。

4 　髮束2合併外加之右側髮束4。

5 　兩髮束合併後確認髮流一致整齊，再由左側拉出髮束5。

6 　髮束1合併外加之左側髮束5。

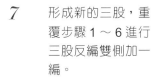

7 形成新的三股，重
覆步驟 1 ～ 6 進行
三股反編雙側加一
編。

8 注意編髮之髮流、
角度。

9 編髮完成，髮流呈
現整齊連續之倒 V
型。

四股編

1　將髮量均等分成四等份。

2　將髮束 2 疊在髮束 3 之上。

3　將髮束 1 置於 3 之下。

4　將髮束 4 疊在髮束 2 之上。

5 　呈現交織之四股編，以左髮束往上
　　疊上，右髮束往下編方式重覆操作。

6 　注意編髮髮流、角度。

7 　編髮呈現明顯之四股交織情形。

8 　四股編完成。

五股編

1　將髮量均等分成五等份。

2　將髮束 2 置於髮束 3 之上，髮束 4 置於髮束 2 之上。

3　中間呈現三股正編。

4　將髮束 1 併入，使編髮紋路呈現交織之菱型格紋。

5　髮束 5 併入菱型格紋，注意髮流整齊、表面亮澤感。

6　五股編完成。

六股編

1   將髮量均等分成六等份。

2   於中間髮束 2、3、4、5 呈現四股編起編。

3   將髮束 6 併入菱型髮線格紋。

4   再將髮束 1 併入，注意編髮髮束之鬆緊、髮流整齊度。

5   由於髮束量較多，必要時可以玫瑰夾輔助，於中間交叉處暫時固定髮流交織情形。

6   六股編完成之剪影。

七股編

1　　將髮量均等分成七等份。

2　　將中間髮束 3、4、5 做三股編。

3　　髮束 2 併入，形成四股編。

4　　將髮束 6 併入，形成五股編，此時編髮表面呈現明顯菱型格紋效果。

5 　將髮束 1 併入，形成六股編，注意
髮流整齊度，以及編髮角度。

6 　將髮束 7 併入，形成七股編，由於
髮束量較多，必要時可以玫瑰夾輔
助，於中間交叉處暫時固定髮流交
織。

7 　七股編完成。

八股編

1 將髮量均等分成八等份。

2 中間髮束3、4、5、6做四股編。

3 注意髮流整齊度與編髮角度，依序將髮束2、7併入菱型格紋中。

4 最後將髮束1、8編入，髮束編織時，髮束越整齊、亮澤，則菱型格紋越明顯。

5 由於髮束量較多，必要時可以玫瑰夾輔助，於中間交叉處暫時固定髮流交織。

6 八股編完成之剪影。

九股編

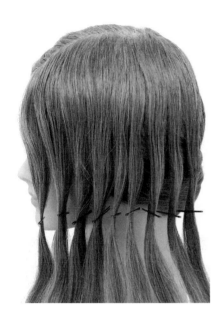

1 　將髮量均等分成九
　　等份。

2 　以中間髮束 4、5、
　　6 進行三股正編。

3 　依序將髮束 3、7
　　併入編髮。

4 　注意編髮髮流整齊
　　度，以及編髮角
　　度。

5 　將髮束 2、8 併入
　　編髮。

6 　髮束編織時，髮束
　　越整齊、亮澤，則
　　菱型格紋越明顯。

7 將髮束 1、9 併入編髮。

8 髮片表面呈現明顯之菱型格紋。

9 由於髮束量較多,必要時可以玫瑰夾輔助,於中間交叉處暫時固定髮流交織。

10 九股編完成。

多股編

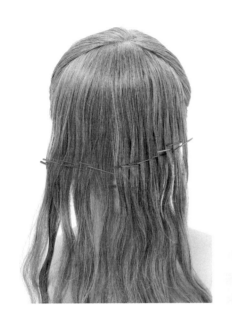

1 將編髮區域之髮量以毛夾均等分成多股，一般而言單一髮束大約控制在0.5cm厚左右。

2 先將雙數股的髮束抬起暫時固定。

3 將右側邊緣第1束髮束置於單數股的髮束上，再放下雙股髮束，便會形成一上一下的編織，最後以玫瑰夾暫時固定。

4 接著改為單股數髮束抬起。

5 將右側邊緣第1束髮束置於雙數股的髮束上，再放下單股髮束，便會形成一上一下的編織，最後以玫瑰夾暫時固定。

6 重複步驟2～5，持續編織，每次皆以單雙的順序交錯抬起髮束，依序固定於單側。

7 　注意編織時不要拉的太緊,每一層
　　編髮的鬆緊度要平均。

8 　表面形成平整之格紋編髮紋路。

9 　固定髮束,多股編即完成。

自我評量

一、是非題

( ) 1. 多股編進行時以單數與雙數股的交織原理進行編織。

( ) 2. 雙股編兩髮束的扭轉方向要一致。

( ) 3. 進行編髮單股編時,毛夾的固定方向是一律往上夾。

( ) 4. 多股編編髮時,可用數根毛夾區分每一小撮髮束,俾利於編髮操作。

( ) 5. 倘若兩髮束皆向右扭轉,將左邊髮束疊繞在右髮束上,形成的雙股正編。

( ) 6. 編髮進行時,倘若要改變編髮的操作方向可以玫瑰夾暫時固定髮片。

( ) 7. 編髮操作時,編織髮束進行固定的拉扯力會影響編織後的外觀。

( ) 8. 編髮設計要考量因素有髮質、髮色、髮長、髮量。

( ) 9. 雙股正編重複疊繞的編織紋路猶如麻花般的效果。

( ) 10. 三股反編的編織紋路形成正 V 的編髮效果。

二、選擇題

( ) 1. 三股正編的編織紋路為:(A)X 型 (B)正 V (C)倒 V (D)A 型。

( ) 2. 單股編進行時毛夾的固定方向是以:(A)不用考慮方向 (B)順髮流固定 (C)逆髮流固定 (D)一律往上。

( ) 3. 進行快速五股編髮時可以從何處著手:(A)以玫瑰夾將所有髮束夾起,再由右到左進行編髮 (B)將髮束上完髮膠,再由左到右編 (C)以玉米鬚夾將髮束夾好後,有利於進行五股編 (D)由中間的第 2、3、4 髮束進行三股編,進而外加髮束 1、5 進行交織。

( ) 4. 倘若兩髮束皆向左扭轉,將左邊髮束疊繞在右髮束上,稱之為:(A)雙股正編 (B)雙股反編 (C)任意編 (D)魚股編。

( ) 5. 倘若進行多股編時,必要時可以何種夾具固定髮流交織的紋路:(A)玫瑰夾 (B)哈巴夾 (C)離子夾 (D)恐龍夾。

( ) 6. 多股編由於股數較多,可暫時以何種夾具區分眾多髮束:(A)橡皮筋 (B)恐龍夾 (C)U 型夾 (D)毛夾。

( ) 7. 進行九股編時,由中間處開始起編可以哪種編髮開始:(A)一股編 (B)三股編 (C)二股編 (D)四股編。

( ) 8. 進行八股編時,由中間處開始起編可以哪種編髮開始:(A)一股編 (B)三股編 (C)二股編 (D)四股編。

( ) 9. 以毛夾固定轉扭的髮束,毛夾要夾住的髮量以何種為佳:(A)毛夾可以夾住的髮量可以是直徑 1 公分 (B)不用考慮太多 (C)毛夾夾住的髮越厚越好 (D)毛夾夾住的髮量不可過厚。

( ) 10. 倘若兩髮束皆向左扭轉,將右邊髮束疊繞在左髮束上,稱之為:(A)雙股正編 (B)雙股反編 (C)任意編 (D)魚股編。

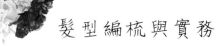

三、問答題

一、三股正編和三股反編的編織紋路為何？

二、雙股正編和雙股反編的編織紋路為何？

髮型編梳與實務

三、問答題

Chapter

Ch7
假髮的風格
髮型編梳

清新柔美

1 中心頂部間基準點至耳
　點分區。

2 頂部點至前中心點分
　區。

3 頸側點（左、右）至頂
　部點分區。

4 後部區域分區。

5 由後部區開始，以五股
　編髮束進行編髮設計。

6 先取中間第 2、3、4
　股進行三股編。

7 結合第 1、5 髮束為五
　股編之基礎，取左與右
　之髮束各加入髮量，形
　成五股加雙邊之編髮設
　計。

8 注意維持五股加雙邊編
　髮之緊度，且每一髮束
　之髮量一致。

9 完成五股加雙邊編髮
　後，髮尾以黑色橡皮
　筋綁緊，並且取 0.5cm
　髮量纏繞黑色橡皮筋，
　隱藏黑色橡皮筋。

10 模特兒左側後方之全區
   髮片進行髮根逆刮髮。

11 以玫瑰夾與尖尾梳梳整
   出指推波紋,注意維持
   髮流呈現 S 曲線。

12 髮尾以空心捲方式結
   束,並以毛夾隱藏固
   定。

13 噴上適量髮麗香後,立
   即卸下玫瑰夾,避免在
   髮面留下玫瑰夾壓痕。

14 模特兒右側後方之全區
   髮片進行髮根逆刮髮。

15 以玫瑰夾與尖尾梳梳整
   指推波紋,注意維持髮
   流呈現 S 曲線。

16 髮尾以空心捲方式結
   束,並以毛夾隱藏固
   定,沿著五股編邊緣重
   覆數個空心捲。

17 噴上適量髮麗香後,立
   即卸下玫瑰夾,避免
   在髮紋上留下玫瑰夾壓
   痕。

18 取模特兒右側之瀏海。

19 進行五股編。

20 先取中間第 2、3、4 股進行三股編。

21 加入兩側髮束編織為五 股編。

22 將五股編做成空心捲，注意髮尾收整與髮流順暢，以毛夾隱藏固定。

23 取模特兒左側之瀏海進行五股編，重複步驟 20～21。

24 將完成之五股編髮網調鬆後，順著髮線與頭型輪廓，製作空心捲。

25 作品完成之側面。

26 作品完成之側面。

27 作品完成之背面。

浪漫輕盈

1 正面分區。

2 側面分區。

3 背面分區。

4 側面分區。

5 由頂部點區域開始進行疊磚逆刮髮。

6 全區髮皆逆刮髮，注意刮髮密度，髮根緊髮尾鬆。

7 將頂部點區域表面髮片梳理，調整好外輪廓後以玫瑰夾固定髮流。

8 以單股扭轉方式固定逆刮髮髮包，於後部點區域，使用毛夾逆髮流方式隱藏固定。

9 將瀏海分為上下兩層。

10 首先將上層瀏海進行
三股加一方式編髮。

11 維持每一髮束之髮量
一致。

12 調鬆編髮髮束,使呈
現空氣感之層次。

13 將編髮之髮尾轉成圓
圈,以毛夾整齊固定,
展現花朵之外觀。

14 取瀏海下層進行三股
加一編髮。

15 維持每一髮束之髮量
一致。

16 讓上層瀏海編髮與下
層瀏海編髮能呈現一
體成形。

17 將下層瀏海三股加一
編髮之髮尾,以毛夾隱
藏固定於後頭部區域。

18 調鬆三股加一編髮之
髮束,使呈現空氣感
之層次。

19 將模特兒左側之髮量
進行魚骨編。

20 注意每一髮束之髮量
均等。

21 順著頭型持續編髮，
至後部點固定。

22 挑鬆魚骨編髮束。

23 將魚骨編髮尾轉成圓
圈形，以毛夾隱藏固
定。

24 頸部餘下的髮尾以空
心捲進行設計，並以
毛夾隱藏固定。

25 空心捲下方從髮中至
髮尾處，以電捲棒加
熱髮線，使其呈現捲
曲感。

26 作品完成之側面。

27 作品完成之背面。

俏麗公主

1 模特兒分區之正面。

2 模特兒分區之側面。

3 模特兒分區之背面。

4 模特兒分區之側面。

5 由頂部點開始，取約 **4cm** 寬之髮量進行三股加一編方式設計編髮。

6 順著頭型進行三股加一編編髮。

7 維持每一髮束之髮量均等，且適時調整編髮角度。

8 編至前側點時，適時挑鬆之前編的三股加一編髮。

9 挑鬆的髮束直立，與頭皮呈現垂直立體感。

10 持續編織三股加一編編髮，最後將髮尾設計成圓圈型，展現玫瑰花朵盛開之多層次感。

11 取右側髮量，分成兩束。

12 進行雙股扭轉加一編。

13 雙股加一編完成後延著玫瑰外圍輪廓固定。

14 雙股加一編完成之正面。

15 雙股加一編完成之側面，注意髮尾以毛夾隱藏固定。

16 雙股加一編完成背面。

17 取模特兒左側之髮量，分成兩束。

18 進行雙股扭轉加一編。

19 第二次雙股加一編完
成後，延著頭部輪廓
固定，注意髮尾以毛
夾隱藏固定。

20 取後頭部剩下的髮量。

21 取後頸線底盤約 2cm
高之髮量，其餘以玫
瑰夾暫時固定。

22 進行三股加一編。

23 由後頸部開始向上編
髮，注意編髮須順著
頭型輪廓編織。

24 將髮尾處順著髮流方
向轉成圓圈型，並以
毛夾隱藏固定。

25 作品完成之側面。

26 作品完成之側 45°。

27 作品完成之側 45°。

綺麗高雅

1 以中心頂部間基準點至左右側部點為基準線分區，後部先盤起。

2 前部髮量作為多股編。

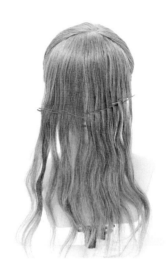

3 分成多股約 0.5 公分寬髮束，以毛夾夾住，便於後續多股編製作。

4 將單數股髮束抬起，取最邊緣之第一束髮進行編織。

5 編至最後，暫時以玫瑰夾固定第一束編髮的髮流方向。

6 將雙股數髮束抬起，比照步驟 4～5 編織固定。

7 交替抬起單股與雙股髮束，編織成格紋型式。

8 當瀏海處髮量皆已編至臉側時，髮流方向呈垂直格紋。

9 將多股編髮尾抬起編織，接著將編織髮網彎成 C 型固定。

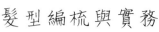

10 呈現 C 型的髮流。

11 順著 C 型的髮流輪廓，
　　將多股編髮尾捲成一
　　朵花型。

12 將後部的頭髮分區。

13 側面分區情形。

14 將上半部黃金點區域
　　之全部髮量進行逆刮。

15 於黃金點處放置髮綿，
　　以毛夾隱藏固定，使
　　髮綿能穩固於髮根。

16 表面髮流梳理整齊，
　　調整好髮包外輪廓後，
　　以玫瑰夾暫時固定。

17 髮包之髮尾做單股扭
　　轉，最後轉成圓圈，
　　以毛夾隱藏固定。

18 將右邊耳後之髮量，
　　沿著髮包輪廓進行三
　　股加一編。

19 以玫瑰夾暫時固定，噴上適量髮麗香後，改為以毛夾隱藏固定。

20 將靠近後頸區域之髮量進行三股加一編髮處理。

21 注意編髮抬高角度，讓編織之髮流與角度緊緊包覆頭型輪廓。

22 以玫瑰夾暫時固定編髮之髮流設計，噴上適量髮麗香後，以毛夾隱藏固定即完成。

23 左側面完成。

24 右側面完成。

温柔婉約

1 　以中心頂部間基準點
　　至側部點（左、右）
　　為瀏海區域。

2 　中心頂部間基準點至
　　後部點為第二區域之
　　分區。

3 　側面分區情形。

4 　背面分區情形。

5 　將第二區全部髮量以
　　疊磚方式重疊逆刮髮，
　　刮髮角度 120°。

6 　注意逆刮髮密度是髮
　　根緊髮尾鬆，呈現蓬鬆
　　彈性、不結塊之觸感。

7 　將第二區髮片表面梳
　　理，調整好髮包外輪
　　廓後，以玫瑰夾暫時
　　固定髮流方向。

8 　以毛夾沿著玫瑰夾下
　　緣進行縫針式固定，
　　左側留下寬約 4cm 髮
　　量，再卸下玫瑰夾。

9 　取後部點區域之髮束
　　（約 4cm 寬髮量）進
　　行上半部逆刮髮。

10 將髮片下緣抬高梳理出亮澤感，捲成空心捲，以毛夾隱藏固定。

11 再取空心捲斜下之髮束，重複步驟 9~10，以疊磚方式製作 6 個空心捲，再以毛夾隱藏固定。

12 將左側預留髮束編織為四股編，略微拉鬆後，延著空心捲由左而右，髮尾固定於空心捲下方。

13 取瀏海區域之髮束（約 1cm 寬髮量）。

14 進行魚骨編編織，注意瀏海區髮束之緊度與密度，始能服貼於額部。

15 魚骨編完成後，由髮尾開始捲成整齊的圓圈型，邊緣以毛夾隱藏固定。

16 作品完成之正面。

17 作品完成之側面。

18 作品完成之背面。

Chapter

Ch8

短髮的風格
髮型編梳

粉紅甜心

1 保留模特兒原來之短
瀏海造型。

2 以側中線至頂部點進
行分區。

3 另一側比照上一步驟
分區。

4 將頂部點之後髮量
逆刮髮，刮髮角度
90°。

5 以疊磚方式處理每一
個逆刮髮。

6 逆刮髮髮根密度緊，越
接近髮尾刮髮密度鬆。

7 注意逆刮髮均均，不
產生刮髮處結塊現象。

8 將左側髮量平整梳理
往右，靠近後頸線處
髮流往右上 45°。

9 使用毛夾以縫針式夾
法固定髮流。

10 將右區髮量表面梳理
出亮澤感。

11 以單股扭轉方式固定
髮流。

12 使用尖尾梳尖端處收
拾髮包邊緣。

13 以毛夾隱藏固定。

14 髮尾繞成圈固定於螺
形表面。

15 左側中線前方髮量,以
髮根與頭皮垂直 90°
進行逆刮髮。

16 表面梳理亮澤,以玫瑰
夾固定髮流方向,髮尾
整齊梳理成螺形紋路。

17 右側中線前方髮量髮
根與頭皮垂直 90° 進
行逆刮髮。

18 右側表面梳理亮澤,
以玫瑰夾固定,髮尾
梳理成螺形紋路。

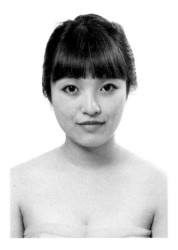

19 髮髻完成之正面。

20 髮髻完成之側面。

21 髮髻完成之背面。

22 髮髻完成之側面。

23 配戴捲曲假髮髮條，並以毛夾隱藏固定。

24 配戴假髮之正面。

25 配戴假髮之側面。

26 配戴假髮之背面。

姹紫嫣紅

1 模特兒造型前之正面。

2 模特兒造型前之背面。

3 以側頭線至頂部點進行瀏海分區。

4 模特兒右前方髮量以單股扭轉，毛夾隱藏固定於頂部點。

5 將單股扭轉固定後之髮尾進行逆刮髮，注意蓬鬆度與均勻度。

6 逆刮髮呈現猶如羽毛般效果。

7 取模特兒左方之髮量進行單股扭轉。

8 固定於前一髮束固定點之下緣，以毛夾隱藏固定。

9 毛夾以逆髮流方式固定。

10 將左耳後點之髮量單
股扭轉，接續固定於
上一髮束之下緣，並
將髮尾逆刮。

11 右耳後點之髮量一樣
做單股扭轉。

12 單股扭轉固定於上一
髮束之下緣，並且將
髮尾逆刮。

13 將剩餘之髮量往上做
單股扭轉，並以毛夾隱
藏固定後將髮尾逆刮。

14 固定後之髮束仍維持
逆刮髮，呈現羽毛狀
外觀。

15 瀏海處之髮根處實施
逆刮髮。

16 刮髮角度維持 90°。

17 將瀏海部每一髮片均
勻逆刮。

18 將髮流由模特兒右方
梳至左方，以玫瑰夾
固定 C 形髮流。

19 髮尾以單股扭轉成圓
圈後，以毛夾逆髮流
方式隱藏固定，卸下
玫瑰夾噴適量髮麗香。

20 完成之側面。

21 配戴髮飾。

22 完成之正面。

23 完成之背面。

1 全頭上電熱捲。

2 上電熱捲之側面。

3 上電熱捲之背面。

4 上電熱捲之側面。

5 以正中線分區。

6 模特兒側面短髮髮長至肩。

7 背面。

8 側面。

9 將分區處以玫瑰夾暫時固定。

123

10 側面分區。

11 背面分區。

12 側面分區。

13 將黃金點至後部點區域之髮量進行逆刮。

14 維持逆刮髮均勻與蓬鬆感。

15 將髮流往上並放置調整好弧形的髮綿，以毛夾隱藏固定。

16 將逆刮髮往下梳理，表面保持亮澤感，以玫瑰夾固定髮流與髮包弧度。

17 髮尾以單股扭轉結束，並以毛夾隱藏固定。

18 後頸線區域之髮量均等分為四等份。

19 將每一束髮量編成魚骨編。

20 魚骨編髮尾轉成圓圈形暫時固定，噴撒適量髮麗香，最後以 U 型夾隱藏固定。

21 噴撒適量髮麗香後立即卸下玫瑰夾，以免產生壓痕，魚骨編髮束服貼於髮包。

22 將頂部點區域髮量均等分為四等份。

23 每一髮束編成魚骨編，髮尾轉成圓圈形暫時固定，噴撒適量髮麗香後以 U 型夾隱藏固定。

24 瀏海區髮量以玫瑰夾調整為 S 線條，髮尾以單股扭轉結束。

25 作品完成之側面。

26 作品完成之正面。

27 作品完成之背面。

蘭質蕙心

1   側中線前方上電熱捲。

2   第二區為黃金後部間
基準點分區。

3   第三區髮量分三等份。

4   側面分區。

5   第二區進行逆刮髮，
角度 120°。

6   第二區全逆刮髮，注意
均勻度與逆刮髮密度。

7   將第二區表面梳理出
亮澤感，以玫瑰夾暫
時固定髮流。

8   髮尾以單股扭轉結束。

9   以毛夾固定髮尾。

10 第三區取中間 1/3 髮量
進行四股編。

11 挑鬆四股編編髮髮束。

12 將編髮束轉成圓圈形
狀,以毛夾隱藏固定。

13 模特兒左方之 1/3 髮量
編成四股編,並挑鬆
四股編髮束。

14 髮束轉成圓圈形狀,
並且與前一圓圈重疊,
確認髮流與角度後,
以毛夾隱藏固定。

15 以毛夾隱藏固定圓圈
形狀邊緣。

16 模特兒右方之 1/3 髮量
編成四股編,並挑鬆
四股編髮束。

17 將四股編髮束轉成圓
圈形狀,與其他圓圈
重疊,以毛夾固定。

18 右側瀏海部位以側頭
線分區,髮根逆刮,
角度 30° 左右。

19 以玫瑰夾與尖尾梳製作指推波紋。

20 注意髮流維持S波紋，暫以玫瑰夾固定。

21 髮尾單股扭轉成圓圈形結束，噴上適量髮麗香後立刻卸下玫瑰夾，避免產生壓痕。

22 模特兒左方瀏海處以順時針方向，捲出立體感與角度，使用毛夾以逆髮流方向固定。

23 注意毛夾隱藏方式。

24 髮尾以單股扭轉做結束，使用毛夾固定。

25 作品完成之背面。

26 作品完成之正面。

27 側面。

俏麗甜心

1　維持模特兒直短髮。

2　模特兒背面髮長。

3　由頂部點開始進行魚骨編。

4　魚骨編連續編髮時，維持每一髮束髮量一致，且每一髮束必須拉緊。

5　魚骨編髮由後部點開始往左下方呈現倒C型編髮紋路。

6　魚骨編完成後，將髮辮尾端處轉成圓圈形，以毛夾隱藏式固定。

7　作品完成之正面。

8　側面。

9　配戴髮飾品。

恬靜優雅·

1　模特兒正面。

2　由正中線分區。

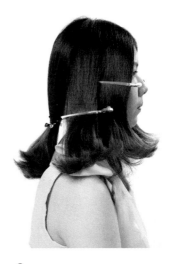

3　側面分區情形。

4　背面分區情形。

5　由頂部點開始進行三股編。

6　以三股編加雙邊方式進行編髮。

7　務必拉緊每一編髮髮束。

8　完成中間區域編髮後，以黑色橡皮筋綁緊髮尾。

9　將髮尾轉成圓圈形，隱藏橡皮筋綁紮處。

10 使用毛夾順著圓圈髮辮邊緣，以逆髮流方式固定。

11 取模特兒左後方之髮束進行三股編。

12 於頂部點處開始起編。

13 以三股加一邊的方式進行編髮。

14 髮辮完成後以黑色橡皮筋綁緊髮尾。

15 將髮尾轉成圓圈形，注意勿外露黑色橡皮筋，以毛夾固定。

16 取模特兒右後方之髮量進行編髮。

17 由頂部點區域開始，以三股加一邊的方式編髮。

18 髮辮完成後以黑色橡皮筋綁緊髮尾。

19 將髮尾轉成圓圈形，注意勿外露黑色橡皮筋，以毛夾隱藏固定。

20 取模特兒左側面之髮量進行瀏海區域設計。

21 使用玫瑰夾固定髮流，使呈現 C 型紋路。

22 髮尾以單股扭轉方式轉成圓圈形，以玫瑰夾暫時固定。

23 噴灑適量髮麗香，迅速卸下玫瑰夾，避免玫瑰夾在髮面上產生壓痕。

24 右側面瀏海比照步驟 20～23 進行操作。

25 作品完成後配戴髮飾品。

26 完成之正面。

Chapter

Ch9

中長髮的風
格髮型編梳

柔情似水

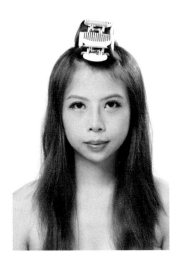

1 以不分線方式將電熱捲固定於髮根。

2 中排完成電熱捲。

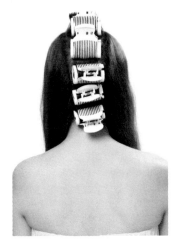

3 中排完成電熱捲。

4 全頭上電熱捲之正面。

5 全頭上電熱捲之側面。

6 全頭上電熱捲之背面。

7 待電熱捲冷卻後,由後頸部開始往上卸下捲子。

8 卸下電熱捲之側面。

9 卸下電熱捲之背面。

10 由側頭線至頂部點分出瀏海。

11 將瀏海分成三束做三股編。

12 往右側進行三股加一編。

13 注意瀏海編髮的髮流方向，靠近眉尾處的髮辮要保持外緣 C 形弧度。

14 編髮完成，調整編髮的蓬鬆度。

15 由髮尾處轉圓圈，製作成花朵型式。

16 以毛夾固定髮尾。

17 取後頭部上方髮量，維持髮根蓬鬆感，以及表面保持亮澤與整齊度。

18 單股扭轉髮束，並以毛夾固定。

19 將右側方面髮量單股
扭轉,置於後部點固
定。

20 左側髮量單股扭轉,覆
蓋前一髮束之固定點,
以毛夾固定。

21 側面完成。

22 正面完成。

23 側面完成。

風華絕色

1　以側頭線至頂部點進行分區。

2　維持直髮型式。

3　將右側上方髮量捲電熱捲。

4　另一側面以側中線分區。

5　後部分三區，第一區以左右耳點區分，第二區是右耳點連接至左側耳後點，第三區是靠近後頸部的髮量處。

6　側面分區。

7　將第一區塊之髮量進行逆刮。

8　靠近頂部點刮髮角度與頭皮呈 90°。

9　靠近黃金點之後的髮量以大於 120° 進行逆刮。

10 待第一區逆刮完成後，將逆刮髮先往前放，放置髮綿於黃金點部位，以毛夾固定。

11 以第一區逆刮髮覆蓋髮綿，將表面梳亮，並梳理髮流與外輪廓弧度。

12 確認完成後，以玫瑰夾固定外緣輪廓，髮尾處以單股扭轉收編，以毛夾固定髮尾。

13 髮包噴上適量髮麗香。

14 第二區髮進行六股編。

15 先取中間四束髮束，進行四股編，再加入兩側髮束形成六股編。

16 六股編完成後，挑鬆髮辮。

17 以手掌控制髮辮弧度，收成空心捲，並以毛夾固定。

18 第三區重複步驟 14～17，呈現立體感髮型。

19 維持第一區髮包與第
二、三區編髮之外圍
輪廓線之順暢。

20 將模特兒右側耳上之
髮量進行六股編設計。

21 將電熱捲卸下。

22 以挑鬆方式抓出瀏海
蓬鬆髮流線條，並以
玫瑰夾固定。

23 確認髮流與方向後，
以毛夾固定瀏海。

24 噴上適量髮麗香。

25 完成之背面。

26 完成之正面。

27 完成之側面。

粉妝玉琢

1 以正中線至頂部黃金間基準點分區。

2 髮尾自然垂落不上電熱捲。

3 進行分區。

4 由頂部黃金間基準點至耳後點分區。

5 由頂部黃金間基準點至耳後點分區。

6 由頂部黃金間基準點，取方形髮基開始進行逆刮。

7 刮髮角度以 120°進行。

8 刮髮密度注意髮根處緊，靠髮尾處鬆。

9 後半部全區進行逆刮。

10 將表層髮量外觀梳理，
切勿影響內部逆刮之
蓬鬆度。

11 後側面髮流梳順後，以
毛夾進行縫針式固定。

12 調整髮流表面，維持
亮澤與髮絲整齊度。

13 以手掌弧度穩住螺形
髮包外圍輪廓，必要
時以玫瑰夾固定。

14 以玫瑰夾固定螺形髮
包上方髮流，噴上適量
髮麗香，避開玫瑰夾，
以免產生玫瑰夾壓痕。

15 將側面瀏海處髮量進
行髮根逆刮，髮根與頭
皮的逆刮角度為 30°。

16 以梳具搭配手技，製作
指推波紋效果之紋路，
以玫瑰夾暫時固定。

17 髮流呈現整齊的 S 型
立體感線條，猶如水
波紋的視覺效果。

18 噴上適量髮麗香，立
即取下玫瑰夾，以免
產生壓痕。

19 另一側瀏海作法比照
前一步驟。

20 在指推波紋之波浪轉
折處，以毛夾固定，
增加髮流之穩定度。

21 正面完成。

22 側面完成。

23 背面完成。

24 於側上方配戴髮飾品。

25 配戴髮飾品之側面。

26 配戴髮飾品之頂部。

娉婷裊娜

1 全頭上電熱捲正面。

2 全頭上電熱捲側面。

3 全頭上電熱捲背面。

4 全頭上電熱捲側面。

5 卸下電熱捲,將側頭
線至頂部點進行瀏海
分區。

6 以側中線進行分區。

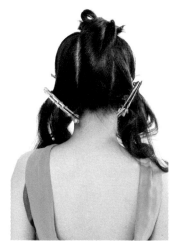

7 左右頸側點往上進行
後部髮量分區。

8 以側中線進行分區。

9 將中間區塊全部以斜
45° 逆刮,距離右分
線處 2 公分,以毛夾
藏針式固定髮流方向。

151

10 放置弧形髮綿，以毛
夾固定。

11 將中間區域逆刮髮往
右梳理，注意避免將
內部逆刮梳開，表面
以玫瑰夾固定。

12 髮尾以單股扭轉，隱
藏於弧形髮包內部。

13 以毛夾固定。

14 取下玫瑰夾，以一手輕
壓髮流，另　手拿取，
避免破壞髮流線條。

15 右後方之髮量均等分
為五等份。

16 先取中間2、3、4股
進行三股編。

17 再將1、5股髮線加入，
做五股編。

18 五股編完感後，挑鬆
髮線。

19 以玫瑰夾固定五股編，
使呈現立體輪廓。

20 待確認輪廓方向與角
度後，以 U 形夾固定，
噴上適量髮麗香。

21 右前方髮量均等分為
五等份。

22 編成五股編型式。

23 調整好五股編髮網擺
放之角度與方向，確認
完造型輪廓後以 U 形
夾固定。

24 模特兒右側完成。

25 左後方作法比照右後
方。

26 以玫瑰夾暫時固定輪
廓。

27 卸下玫瑰夾改 U 形夾
固定。

28 模特兒左前方髮量進
行五股編。

29 挑鬆五股編。

30 將五股編髮網纏繞造
型，以玫瑰夾暫時固
定。

31 確認造型輪廓方向與
角度後，使用 U 形夾
固定，卸下坟塊夾。

32 正面瀏海處維持自然 C
形髮線，暫以玫瑰夾
固定。

33 瀏海髮尾以毛夾固定
於內部髮線處，噴上
適量髮麗香即完成。

34 側面完成。

35 背面完成。

一代容華

1 全頭上電熱捲。

2 上電熱捲側面。

3 上電熱捲背面。

4 上電熱捲側面。

5 卸下電熱捲正面。

6 卸下電熱捲側面。

7 卸下電熱捲背面。

8 卸下電熱捲側面。

9 瀏海處以側頭線至中心頂部間基準點進行第一區分區。

10 瀏海後方第二區，從耳點至黃金點區域進行分區。

11 第三區以右頸側點至左耳點進行分區，最下方靠近後頸線區域為第四區。

12 側面分區。

13 第二區域進行全逆刮，持髮片角度維持120°。

14 放置海綿於頂部黃金間基準點，以毛夾固定。

15 將逆刮髮包覆髮綿，表面梳整亮澤感，注意勿破壞底層逆刮髮。

16 以玫瑰夾暫時固定，取髮包中間 1/3 髮量做單股扭轉，髮尾轉成圓圈以毛夾固定。

17 將第二區右邊 1/3 髮量加入，注意維持髮包外觀髮流整齊度，重複步驟 16。

18 第二區左邊 1/3 髮量作法比照上一步驟。

19 將第三區之髮量垂直
均分為兩等份，先取
一等份輕輕逆刮。

20 以指推波紋方式製作
髮片，使用玫瑰夾暫
時固定髮流。

21 噴上適量髮麗香後，
取下玫瑰夾，必要時
以毛夾固定波紋。

22 第三區另一片髮量輕
輕逆刮。

23 作法比照第一片指推
波紋。

24 第四區髮量表層輕輕
逆刮。

25 以玫瑰夾輔助製作指
推波紋。

26 使用玫瑰夾暫時固定，
噴上適量髮麗香。

27 取下玫瑰夾，波紋深
處以毛夾隱藏固定。

28 瀏海髮量均等分為六等份。

29 取中間 2、3、4、5 髮束進行四股編起編。

30 將左右 1、6 髮束加入做六股編,並注意維持自然 C 形線條。

31 為能維持每一髮束 C 形線條,暫時以玫瑰夾固定髮流。

32 髮尾以單股扭轉結束,使用玫瑰夾暫時固定。

33 以 U 型夾固定編髮之髮束,噴上適量髮麗香。

34 配戴髮飾品裝飾。

35 作品完成之側面。

36 作品完成之正面。

Chapter

Ch10

長髮的風格
髮型編梳

氣質典雅

1 全頭上電熱捲。

2 側面上電熱捲時要注意耳朵部位，避免捲心燙傷耳朵。

3 瀏海部位以玫瑰夾暫時固定即可，便利於爾後造型用。

4 按照捲子大小調整髮量上捲，並將電熱捲整齊排列。

5 待電熱捲冷卻後，卸下捲子。

6 捲髮自然垂落。

7 可於靠近後頸線之少許髮尾處噴灑少量髮麗香保持捲度。

8 在頂部點處持髮片進行逆刮。

9 在瀏海外圍邊緣進行疊磚式逆刮。

10 逆刮時務必注意髮量的蓬鬆度,特別是靠近髮根處緊,靠近髮中則鬆。

11 注意逆刮角度與頭皮呈90度。

12 逆刮完成後,於黃金點固定髮包。

13 髮包外觀以圓形方式固定。

14 將中間區域髮量表面梳亮,並以玫瑰夾暫時固定髮流方向,維持表面整齊與亮度。

15 將右側耳上之髮量表面梳理整齊,以玫瑰夾固定髮流,髮尾處以單股扭轉固定。

16 左側耳上之髮量比照右側方式梳理。

17 後頭上半部維持髮片表面亮澤感。

18 將右側上半部髮量進行雙股扭轉。

19 先以雙股交疊方式進行交叉，持續做雙股正編。

20 以雙股加一式進行後續編髮處理，並於後頸線處左右各留少許髮量自然垂落於前胸。

21 待固定髮流與髮尾收編後，以毛夾藏針式固定，並噴灑適量造型用品。

22 瀏海處以斜分方式進行兩區塊逆刮。

23 將瀏海表面梳理整齊與亮澤感，以玫瑰夾固定表面。

24 噴灑適量造型用品，待定型液乾後，才能配戴髮飾。

25 完成側面。

26 完成背面。

27 完成側面。

浪漫花語

1 瀏海部位因髮量較短，
所以分區時梳取頂部
點長髮。

2 後頭部分區。

3 側面以側中線分區。

4 固定分區。

5 後部髮量進行八股編。

6 先將中間第 4、5 條髮
束進行交叉。

7 將第 3、4 髮束與中間
第 4、5 髮束結合成四
股編。

8 將四股編兩側的第 2、
6 髮束編織成六股編。

9 編髮務必將髮流梳順，
保持每一髮束的亮澤
感。

10 將第7條髮束加入編織。

11 將第8髮束加入編織，可暫時以玫瑰夾固定髮流叉織處。

12 編織完成後以玫瑰夾固定。

13 右後方髮量分成八股髮束，編織方式同後步驟6～12。

14 右前方髮量分為五等份。

15 先取中間三股起編。

16 將第5束髮束加入編織。

17 將第1束髮束加入編織成五股編，持續進行五股編髮。

18 依循由邊緣加入髮束方式，將左、右側的五股編完成。

19 以尖尾梳將左後方的
八股編髮外緣挑鬆。

20 挑鬆後的髮辮於髮尾
處轉成小圓圈。

21 以毛夾固定髮尾小圓
圈,以及以U型夾固
定挑鬆髮辮。

22 將右後方髮辮挑鬆。

23 挑鬆後的髮辮於髮尾
處轉成小圓圈,作法
比照步驟 20 ～ 21。

24 將左側部髮辮挑鬆,
並將髮尾扭轉成單股
扭轉。

25 以手撐起左側部挑鬆
髮辮,呈現編髮立體
感。

26 以玫瑰夾暫時固定角
度,髮尾處以單股扭
轉成小圓圈固定。

27 使用U型夾固定幾個
編髮交織點,保持編
髮的立體角度。

28 左右耳上編髮呈現立
體感。

29 瀏海部位進行髮根逆
梳。

30 將表面梳亮，髮流保
持順暢弧度，暫時以
玫瑰夾固定。

31 以毛夾固定瀏海髮尾
後，取下玫瑰夾，並
噴灑適量髮麗香。

32 完成側面。

33 加上髮飾品點綴，完
成正面。

34 完成側面。

35 完成背面。

36 完成側面。

水漾精靈

1　以直髮進行編梳。

2　取側頭線與後部點區塊進行分區。

3　將分區處進行逆刮，角度與頭皮呈現 90°。

4　逆刮須注意力道大小，髮根處力道稍大，維持髮根處緊實。

5　靠近髮中處逆刮力道稍輕，維持刮髮鬆散。

6　完整逆刮呈現彈性且刮髮面平均不結塊。

7　將表層髮面梳亮。

8　調整好蓬鬆度後，以玫瑰夾固定。

9　將耳上髮量進行編髮。

10 以雙股扭轉方式編髮，
注意扭轉方向一致，
進行雙股正編。

11 扭轉完成後之兩股交
疊，須注意呈現麻花
紋路。

12 以雙股加一方式進行
編髮。

13 待完成後，暫時以玫
瑰夾固定。

14 將左上方之髮量進行
雙股扭轉編髮。

15 編織雙股扭轉方式完
成。

16 耳後髮量以單股扭轉。

17 將耳上、耳後、後頸
部之三束編髮進行三
股編。

18 保持後頭部表面之亮
澤感。

19 完成之三股編髮尾以
轉圓圈方式，纏繞成花
朵外型，以毛夾固定。

20 噴灑適量髮麗香。

21 將瀏海處整理，底層
適度以毛夾固定。

22 完成之側面。

23 完成之背面。

24 完成之側面。

25 配戴髮飾品。

26 鍊飾品以毛夾固定方
向。

·清秀佳人·

1　全頭上電熱捲。

2　側面上電熱捲時要注
意耳朵部位，避免捲
心燙傷耳朵。

3　注意電熱捲平均分散
髮量，維持捲度一致。

4　側面電熱捲。

5　待電熱捲冷卻後，卸
下電熱捲。

6　髮流呈現大波浪。

7　側面。

8　正面分區，以左右側
頭線分區。

9　側面側中線分區，及
頸側點往上分區。

10 由頸側點往上分區，
左右兩側均等。

11 側面以側中線分區，
及頸側點往上，瀏海
以頂部黃金間基準點
與側頭線分區。

12 將後頭部分區之長方
形區塊全部逆刮。

13 逆刮角度維持 120°。

14 逆刮完成後，距分際
線兩公分左右，以縫
針式夾上整排毛夾固
定髮流。

15 將髮片表面梳亮，以
玫瑰夾固定。

16 以逆刮梳或尖尾梳修
順髮線。

17 將髮尾處以圓圈方式
固定於螺形髮渦上方。

18 將右側頸側點往上分
區處髮量進行逆刮。

19 刮髮完成後，放置小髮包，並以毛夾固定。

20 將髮片包覆髮綿，表面梳亮梳順，以玫瑰夾固定髮流。

21 以逆刮梳或尖尾梳收整邊緣。

22 將髮尾收成螺形髮渦，利用玫瑰夾將髮渦緊密固定。

23 以毛夾固定髮渦後卸下玫瑰夾。

24 髮渦側面與髮包交接處，以毛夾固定。

25 將左側頸側點往上分區處髮量進行逆刮。

26 刮髮完成後，放置小髮包，並以毛夾固定。

27 將髮片包覆髮綿，表面梳亮梳順，以玫瑰夾固定髮流。

28 以逆刮梳或尖尾梳收
整邊緣。

29 髮尾同樣收成螺形髮
渦，後部維持左右髮
包外觀大小一致。

30 右側耳點前之髮量平
均分成八等份。

31 進行八股編。

32 將完成之八股編以玫
瑰夾固定於側面螺形
髮包外。

33 右側編髮完成。

34 八股編髮網交織處以U
形夾固定。

35 左側耳點前之髮量平
均分成八等份。

36 進行八股編。

37 左右側八股編完成。

38 調整後部八股編大小，
維持左右對稱。

39 瀏海處進行逆刮。

40 將瀏海表層梳平整，維
持髮絲亮澤感，以玫
瑰夾固定呈現S紋路。

41 取下玫瑰夾，將瀏海
髮根處以尖尾梳尖端
挑鬆，呈現整齊的蓬
鬆感。

42 瀏海髮尾處捲成圓圈
以玫瑰夾暫時固定，
待瀏海部位確認髮流
線條順暢後，以毛夾
固定。

43 完成之側面。

44 完成之側面。

45 完成之正面。

感謝：

感謝：

pchome 商店街：http://www.pcstore.com.tw/hindimosa/
露天拍賣帳號：sunny6507
Yahoo 拍賣帳號：Y7963758869
Google 搜尋 印地摩沙 或 hindimosa

國家圖書館出版品預行編目 (CIP) 資料

基礎髮型設計實務：20 種創意編梳 / 葉孺萱編著，
-- 初版 . -- 新北市：全華圖書，2015.04
    面；　公分
    ISBN　978-957-21-9776-9（平裝）

1. 髮型

425.5   104002638

基礎髮型設計實務— 20 種創意編梳

作　　者／ 葉孺萱
發 行 人／ 陳本源
執行編輯／ 楊美倫
封面設計／ 林伊紋
攝　　影／ 謝育廷 (V3 攝影工作室)
出 版 者／ 全華圖書股份有限公司
郵政帳號／ 0100836-1 號
印 刷 者／ 宏懋打字印刷股份有限公司
圖書編號／ 08194
初版三刷／ 2017 年 8 月
定　　價／ 500 元
I S B N ／ 978-957-21-9776-9
全華圖書／ www.chwa.com.tw
全華網路書店 Open Tech ／ www.opentech.com.tw
若您對書籍內容、排版印刷有任何問題，歡迎來信指導 book@chwa.com.tw

臺北總公司（北區營業處）
地址：23671 新北市土城區忠義路 21 號
電話：(02) 2262-5666
傳真：(02) 6637-3695、6637-3696

中區營業處
地址：40256 臺中市南區樹義一巷 26 號
電話：(04) 2261-8485
傳真：(04) 3600-9806

南區營業處
地址：80769 高雄市三民區應安街 12 號
電話：(07) 381-1377
傳真：(07) 862-5562

歡迎加入 全華會員

● 會員獨享

會員享購書折扣、紅利積點、生日禮金、不定期優惠活動…等。

● 如何加入會員

填妥讀者回函卡直接傳真（02）2262-0900 或寄回，將由專人協助登入會員資料，待收到 E-MAIL 通知後即可成為會員。

如何購買 全華書籍

1. 網路購書

全華網路書店「http://www.opentech.com.tw」，加入會員購書更便利，並享有紅利積點回饋等各式優惠。

2. 全華門市、全省書局

歡迎至全華門市（新北市土城區忠義路 21 號）或全省各大書局、連鎖書店選購。

3. 來電訂購

(1) 訂購專線：(02) 2262-5666 轉 321-324
(2) 傳真專線：(02) 6637-3696
(3) 郵局劃撥（帳號：0100836-1　戶名：全華圖書股份有限公司）
※ 購書未滿一千元者，酌收運費 70 元。

OpenTech.com.tw 全華網路書店

全華網路書店 www.opentech.com.tw
E-mail: service@chwa.com.tw

※ 本會員制如有變更則以最新修訂制度為準，造成不便請見諒。